nanrensanshi

孙郡锴◎编著

男人三十

◆ 只有在30岁时把握好成功的方向，才能驾驭自己的人生 ◆

中国华侨出版社

图书在版编目（CIP）数据

男人三十/孙郡锴编著．—北京：中国华侨出版社，
2011.4（2014.8 修订版）
ISBN 978－7－5113－1316－4

Ⅰ.①男…　Ⅱ.①孙…　Ⅲ.①成功心理－男性读物
Ⅳ.①B848.4－49

中国版本图书馆 CIP 数据核字（2011）第 049011 号

● 男人三十

编　　著/孙郡锴
责任编辑/严晓慧
封面设计/纸衣裳书装
经　　销/新华书店
开　　本/710 毫米×1000 毫米　1/16　印张/18　字数/216 千字
印　　刷/北京溢漾印刷有限公司
版　　次/2011 年 5 月第 1 版　2014 年 10 月第 2 次印刷
书　　号/ISBN 978－7－5113－1316－4
定　　价/32.80 元

中国华侨出版社　　北京朝阳区静安里 26 号通成达大厦 3 层　　邮编 100028
法律顾问：陈鹰律师事务所
编辑部：（010）64443056　　64443979
发行部：（010）64443051　　传真：64439708
网　址：www.oveaschin.com
e-mail：oveaschin@sina.com

前言 *Preface*

　　年过 30 岁的男人，痛苦时不再流泪，因为已经在坎坷中得到了磨炼，开始正确地估量自己，学会了用发展的眼光面对身边的人和事。面对工作的时候，不再像二十几岁那样急于表现，反而学会了内敛，把自己好好地包裹着，因为他们知道除了激烈的竞争以外，安全也是很重要的。

　　30 岁的男人，脸上时常挂着几经修炼后不卑不亢的微笑，他们已经可以从容地走在人生的路上，经过这几年的磨炼之后，已经有了更深刻的人生阅历，没有人比他们自己更明白接下来的生活应该怎样经营才会更美好。

　　30 岁的男人话虽不多，却句句符合常理，他们做事时精明干练，耐心细致，已经不会像二十几岁的时候那样因莽撞而差错百出。面对会议和交谈他们开始学会恰到好处地发表一些不偏不倚、不愠不火的言论，把每一件事情都做到中规中矩，让人觉得无懈可击。30 岁的男人，慢慢地步入了沉稳内敛的行列，他们不再动不动就发脾气，也不会轻易地因此被别人利用。相反他们的温和带给了自己一种儒雅的气质，这一切的一切都成为了他们步入成熟的标志。

　　30 岁的男人，在探索中不断地丰富着自己的经验和阅历，渴望为自己交上一张满意的人生答卷。他们很少为远去的青春而唏嘘嗟叹，因为他们明白这是成长必须要付出的代价；他们也不会忘记自己的使命，所以他们会积极地把握生命中的每一分每一秒；他们对未来充满着美好的憧憬，因为他们认为只有不断地畅想未来，才会让自己更有信心，将明天经营得更加美好。

就这样，30岁的男人慢慢地进入到了自己的成熟阶段，在这段人生旅途中，他们要面对更多严峻的挑战和复杂的问题。他们要不断探索成功的方法，要组织自己温馨的家庭，承担起更多属于他们的责任。正是因为有了这些挑战，才让他们勇往直前的信念更加坚定。正是有了这些问题，才让他们在不断追寻答案的过程中获得更多的成就感。正是有了身上的这些责任，他们才更加意识到自己作为一个男人的人生价值，从而在未来的人生旅途中做出更多辉煌的业绩。

本书以30岁男人将面对的各种问题为主线，从心态、性格、品位、社交战略、职场智慧、克服困难、婚姻经营等各个方面层层深入，力求提高30岁男人的心智，使他们能够行为更加稳健，思想更加成熟，从而使其身心得到一种全方位的提高。在自己30岁到来之际，将自己打造成一个成熟内敛、温文尔雅、行为果断的魅力好男人。

编者

目录 *Contents*

第一章　30岁，你的性格需要完善

　　每个人有每个人的脾气，说白了这就是性格所致。曾经那个20岁的你桀骜不驯，渴望着另类的生活，到了30岁仍然有着一股子不服输的劲头儿。这没有什么不好，每个人都应该为自己的生活而执着，都应该对自己的人生做出选择。但是，如果你想让自己将来的日子过得更加顺心，还是要在完善性格上多花点儿心思。因为所有人都喜欢和性格好的人打交道，从某种角度来说，一个人性格的好坏直接影响到他未来能否成功。作为一个男人，要想在别人眼中保持自己的良好形象，现在就要认真地审视自己性格上的缺陷，并努力地加以完善，只有这样你才能有更多的自信去彰显自己作为一个成熟男人的别样魅力。

第二章　男人 30 岁练就你的成熟心态

30 岁了，说大不大，说小也不小了。二十几岁的时候，你可以说你自己不够成熟，所以你还可以和父母耍耍赖，跟比自己大的人偷偷懒。但是到了 30 岁，当这一切的举动再出现在你的行为里的时候，别人就会皱起眉头，甚至说你是一个不够负责任的人。好好审视一下自己吧，你已经是一个成熟的男人了。成熟的男人就要有一个成熟男人的样子。即便你对过去还有些留恋，即便你真的不愿意面对自己已经 30 岁的事实，但你不得不承认你已经步入了成熟男人的圈子，必须要挑起这副担子，背起更多的责任和目标，这时候练就一个成熟的心态就成为了一件势在必行的事情。

第三章　而立之年，摆正你的做人原则

　　每个人都有自己的做人的原则，这一点对步入30岁的男人来说尤为重要。当而立之年到来的时候，更多的诱惑、纷扰、彷徨会在不知不觉中侵袭你的思想。不管是在为人处世上，还是在面对问题时，如果没有把握好做人的分寸和原则，就很容易犯下不可挽回的错误。老人们常说："一步错，步步错。"古语说："君子有所为，有所不为。"说的都是同样的道理。在世界上生存必须讲求规则，而想生活得幸福顺利，就要把握好做人的原则。只有遵守规则不失原则，才能在这个充满各种不可预知的时代里，生活得更加顺利，更加幸福，更加快乐。

第四章　从容奔三，压力是成就未来最好的动力

20岁的时候，我们畅想着未来，过着无忧无虑的生活，尽管银行卡里没有多少存款，但时不时地还是能和自己的哥们儿到酒吧一条街上风光一把。但是当你迈向了30岁，心中不免会生出一些恐惧，种种的压力也会随之而来。房贷，车贷，未来家庭的储备资金，种种的种种都在暗示你现在将要背负更多的责任和艰辛。尽管时光在一年一年地流逝着，尽管青春总有一天会失去那耀眼的颜色，但是这一切都不会影响到我们对于理想的执著，努力吧，无论你已经30岁还是即将迈入奔三的行列，珍惜身边的每一次感动，每一次奋起，每一份坚强，你内心的压力就会成为你成就未来最好的动力，带你走向明天的辉煌。

第五章　30 岁的品位，铸就男人的独特魅力

　　人们常说男人成熟得晚，到了 30 岁才能孕育出真正的男人味道。要想让自己在人前人后彰显自己独特的男人魅力，首先就要在自己的个人品位上好好下下功夫。作为一个有品位的男人总能在第一时间吸引别人的目光，言谈举止中透着一种从容和自信，即便说不上英俊潇洒也能给人一种莫名的回味。作为一个男人，尤其是一个 30 岁的男人，你的品位非常重要，尽管二十几岁的时候总是爱追求刺激，甚至总想搞出一些怪异举动来证明自己的与众不同，但是现在，你必须要明白，真正的与众不同在于自己对于品位的理解，当高雅的举动配上你淡定的微笑，当你落落大方地出现在你应该出现的每一个角落，那种不平凡的感觉就会在不知不觉间应运而生了。

第六章　即便是30岁，也别停下学习的脚步

想当年你二十多岁的时候是何等地刻苦学习，大学的时光中又是怎样地积极进取。而如今，在职场上混了几年却越混越懒了，书不爱看，新闻不想听，对外面发生的新鲜事一点都不感兴趣。也许你觉得只要做好本职工作，拿着相对稳定的收入就可以了，每天工作很累，也很繁忙，回家再去学习真的有些不切实际。但是你不要忘了，时代在不断地发展，科学在不断地进步，今天不学习没什么，明天不学习也没什么，但是长此以往下去，你总有一天会被整个时代所抛弃。古人常说："书到用时方恨少。"这个世界每一天都是不一样的，30岁以后，还有很长的路要走，如果你想让自己走得更顺利，就不要忽视了学习的重要性。

第七章　用成熟的方式，润滑周围的人际关系

一个成功的男人，往往都是善于交际的高手，举手投足间的友好，眼中洋溢的热情，都能在瞬间感染身边的每一个人。在人们看来，30 岁的男人总是有着那么一点与众不同，尤其是在更深一步的交谈中，总是能够给人一种既成熟又内敛的感觉。他们的行为优雅，他们的阅历深厚，他们的思想总是能给人带来某种启迪。这就是 30 岁的男人应该具备的社交技能。20 岁的时候，我们只希望能够交到和自己玩儿得来的朋友，而到了 30 岁我们渴求自己能从别人的身上学到更多的东西，当然也包括为自己的前程谋得更好的发展。

第八章　完美30岁，搞定职场那些事儿

二十多岁的时候，你跌跌撞撞地走出了象牙塔，开始在自己的职业仕途上不断打拼，埋头苦干了七八年，现在真的应该有所发展和提高了。30岁的男人应该在自己的职场生涯中有更高的定位，面对"办公室政治"也有着自己独特的处理办法。尽管我们还很年轻，但是这么长时间的职场历练已经让我们变得踏实而老练。在30岁的男人看来，职场是个充满挑战的地方，同时也是自己施展才华的地方。职场里的那些事，虽然有时还是会让自己有些措手不及，但是比起那些刚进入公司的毛头小子来说，自己绝对有充分的把握将他们全部搞定。

第九章　30 岁，别让你的婚姻不好不赖

二十多岁的你在大学校园里结识了让你心动的她，于是你的世界发生了改变，因为你恋爱了。然而正如老狼歌里唱的那样："你总说毕业遥遥无期，转眼就各奔东西……"校园里的恋情虽然美好，然而却很难长久。就这样你慢慢地成长着，虽说也谈过几次恋爱，但也总是不上不下地晃荡着。现在 30 岁了，你开始渴望一个温馨的家庭，于是，你开始寻觅一份真挚的感情，也许它没有过多的浪漫，也许你考虑的问题越来越现实，但当两个苦苦等待的心终于走到了一起，就要好好地将日子进行下去。30 岁，你已经成熟了，对爱情再也不能马马虎虎、随随便便，而是应该向着十全十美努力。看看她期待的眼神，正在构想她美好的未来，你再也没有理由不去付出，一定要将爱情进行到底。

第一章

30岁, 你的性格需要完善

　　每个人有每个人的脾气, 说白了这就是性格所致。曾经那个20岁的你桀骜不驯, 渴望着另类的生活, 到了30岁仍然有着一股子不服输的劲头儿。这没有什么不好, 每个人都应该为自己的生活而执着, 都应该对自己的人生做出选择。但是, 如果你想让自己将来的日子过得更加顺心, 还是要在完善性格上多花点儿心思。因为所有人都喜欢和性格好的人打交道, 从某种角度来说, 一个人性格的好坏直接影响到他未来能否成功。作为一个男人, 要想在别人眼中保持自己的良好形象, 现在就要认真地审视自己性格上的缺陷, 并努力地加以完善, 只有这样你才能有更多的自信去彰显自己作为一个成熟男人的别样魅力。

做那个最了解自己的人

　　每当和别人发生争执的时候，你也许会这样为自己解释："你一点都不了解我，这样的事情我是不会做的……"可是你好好想想，你就真的那么了解自己吗？有些人觉得自己就是一个普通人，最终只能是平平凡凡地走过一生，而事实上，你身上有着一份成就事业的潜质。有些人总说自己做什么都不顺，却从来没有正视过自己人生的价值。好了，现在给自己几分钟好好地审视一下自己，不管别人怎么看待你，你必须做那个最了解自己的人。

　　算来算去，你在这个世界上已经生活了 30 年了，也许小时候的愿望你已经不记得了，也许少年时期在日记本上的豪情壮志已经成为了昨天，但总不能就这样意志消沉下去。其实，在你的身上一直深藏着与众不同的潜质，只不过你从来没有注意过。换句话说，你并不是那个最了解自己的人，有些事情你完全可以把它做得很漂亮，但每次箭在弦上的时候，你却退缩了，你开始对自己的能力产生怀疑，开始找不到自信的感觉，开始担心自己会不会把事情搞砸。总而言之，那个真实的自己在心中越来越模糊了，当时光匆匆而去，当身边的大事小事就这样一会儿来又一会儿走，你的内心不免有些纠结起来，心中有一个声音不断地问自己："我是谁？我还是我自己吗？"

　　我们都想拥有幸福的人生，没有一个人希望自己在人生的道路上遭遇不幸或者失败。但成功除了离不开机遇与自己的拼搏外,首先要做和必须要做的,不是战胜外在困难,而是战胜自我;不是了解别人,而是了解自己!

心理学家发现了一个十分有趣的现象:很多人之所以不能成功,关键是不能充分发现自己的价值。对自身的缺陷讳莫如深,其实这是一种误区:人有很多资源,缺陷也是其中之一。只有善于发现自己,充分利用自身的资源,才能最大限度地挖掘自己、发挥自己。即使是一种缺陷,也并非没有可利用的价值。

罗斯福总统的夫人埃莉诺·罗斯福曾说过:"除非你默许,否则没有人能将你当做是下等人。"仔细想一想,父母生下来的为什么不是别人,而是我们?每一个人的出生都是一种奇迹。所以,不论自己是美还是丑,是聪明还是驽钝,甚至残疾,都应当庆幸:我们是独一无二存在于在这世上的,这世上没有任何人会跟我们一模一样。也许我们并不是最优秀的,但确确实实是独一无二的。在浩瀚的历史长河中,因为许多偶然的机遇才造就了我们,我们是生命的一个奇迹,难道我们不该因此而自豪吗?

可见,在别人肯定你之前,自己先要肯定自己。当然,没有真材实料肯定是不行的。一块石头,无论你再怎么珍惜,价钱再怎么上涨,它也不会变成宝石,也不会因此而改变什么。但若是你把珍惜化做人生的动力,去细心地打磨这块石头,那么,即便是一块普通的石头,也会有它独特的价值,它也更容易被人们所认同。生命的价值首先取决于你自己的态度,珍惜独一无二的自己,珍惜这短暂的几十年光阴,然后再去不断充实、发掘自己,最后世界会认同你的价值。

正确地认识自己的性格，找出性格中的长处和缺陷——长处要保持，缺陷要克服。只有这样，我们才能在生活和工作的各个方面获得成功。每个人生来就与众不同，世界上只有一个自己，绝对不会有第二个人和自己一模一样。每个人的性格各不相同，但没有谁会有绝对优越的性格，也没有谁绝对一无是处。同一种性格特征，从不同的角度看，可能会有不同的利弊结论，这关键看自己要确定什么样的人生理想，在这种理想既定的情况下如何发挥性格的长处，比如某人可能孤僻偏执，因此朋友很少，生活乏味，但他却可能会超乎寻常地专心研究某个科学问题或刻苦工作，从而在事业上更易成功。

我们都知道米开朗琪罗创造了很多流传至今的杰作。米开朗琪罗准备雕刻大卫像时，经常会花很长的时间去挑选大理石。因为他知道，材料的质地将决定作品的美感。他明白，他可以改变作品的外形，但改变不了它的基本成分。当时，米开朗琪罗的最大的心愿就是创造两件完全相同的杰作。为了这一心愿，他甚至从相同的大理石上切割石料，试图找到两块完全相同的大理石。但结果是，雕刻出来的两件作品还是不能完全相同，总是会有一些细微的差异。

作品是不能完全相同的，性格也一样。人的性格千差万别，我们每个人都有与众不同之处。我们每个人天生就有着与兄弟姐妹不同的组合特征，天生就有着自己的性情、自己的组合材料、自己与生俱来的特质。虽然环境、智商和父母的影响都能塑造一个人的性格，但内在的本质却改变不了，所以我们应该运用自己独特的天赋、性格和智慧，去冲刺人生的美好目标。

而立箴言

也许你没有过人的才华,但是不要因此而认为自己不如别人,毕竟后天的努力可以改变与生俱来的特性;也许你的努力还没有被人们发现或认可,但也请你勇敢地伸出自己的双手,为自己鼓掌,为自己喝彩;也许未来的路途充满艰难险阻,但请昂首挺胸,坚定地走下去。因为,这世上至少还有你在肯定着自己。

冲动是魔鬼,谁碰谁后悔

人们常说机遇难求,如果当时抓不住,很可能一辈子就错过了。可是你知道吗?还有一种叫做冲动的东西。从古到今很多仁人志士都因为一时的冲动而在自己本应成功的路上翻了船。人们常说:"冲动是魔鬼,谁碰谁后悔。"30岁的男人,最需要的不是冲动,而是一份安定的心态。所以就算外界有诸多的诱惑,还是学着克制自己吧,在没有十足把握之前,稳定一下自己的情绪,这才是保护自己的最佳手段。

我们都知道冲动是魔鬼,可是我们总是会被这个魔鬼所左右,作为一个30岁的男人,不管是开车斗气的时候,还是拿出自己多年的积蓄投进股市的时候,脑袋一热做出来的事情总会让我们为之付出惨痛的代价。每当吃亏的时候,我们的脑袋就开始一片空白,发誓以后再也不会犯同样的错误了。其实，有时间进行自我忏悔是幸运的，有些冲动还有可能让我们再也没有机会忏悔。人们常说："天下没有卖后悔药的。"确实是这样，为了让自己以后少后悔，做事之前还是要理智一些，要学会克制自己的欲望。只有这样我们的生活才能趋于安定，我们的人生才会少一些风险。

有一次，猎人着一帮人出去打猎。他们一大早便出发，可是到了中午仍没有收获，只好意兴阑珊地返回帐篷。猎人心有不甘，便又带着皮袋、弓箭以及心爱的猎鹰，独自一人走回山上。烈日当空，他沿着羊肠小道向山上走去，一直走了好长时间，口渴难奈，但却找不到任何水源。良久，他来到了一个山谷，见有细水从上面一滴一滴地流下来。猎人非常高兴，就从皮袋里取出一只金属杯子，耐着性子用杯子去接一滴一滴流下来的水。当水接到七八分满时，他高兴地把杯子拿到嘴边，想把水喝下去。就在这时，一股疾风猛然把杯子从他手里打掉了。将到口边的水被弄洒了，猎人不禁又急又怒。他抬头看见自己的爱鹰在头顶上盘旋，才知道是它搞的鬼。尽管他非常生气，却又无可奈何，只好拿起杯子重新接水喝。当水再次接到七八分满时，又有一股疾风把水杯弄翻了。又是他的爱鹰干的好事！猎人顿生报复心："好！你这只老鹰既然不知好歹，专给我找麻烦，那我就好好地整治一下你这家伙！"

于是，猎人一声不响地抬起水杯，再从头接着一滴滴的水。当水接到七八分满时，他悄悄取出尖刀，拿在手中，然后把杯子慢慢地移近嘴边。老鹰再次向他飞来，成吉思汗迅速拿出尖刀，把鹰杀死了。不过，由于他的注意力过分集中在杀老鹰上面，疏忽了手中的杯子,因此杯子掉进了山谷里。猎人无法再接水喝了,不过他想到:既然有水从山上滴下来,那么上面也许有蓄水的地方,很可能是湖泊或山泉。于是他拼尽气力向上爬,终于攀上了山顶,发现那里果然有一个蓄水的池塘。猎人兴奋极了,立即弯下身子想要喝个饱。忽然,他看见池边有一条大毒蛇的尸体,这时才恍然大悟:"原来猎鹰救了我一命,正因为它刚才屡屡打翻我杯子里的水,才使我没有喝下被毒蛇污染了的水。"猎人在盛怒之下杀了心爱的飞鹰,明白了事情的真相后后悔莫及。

猎人因为一时的冲动,误会了自己爱鹰的意思,误杀了自己的"救命恩人",尽管事后后悔莫及,可是已经没有挽回的余地了。这个故事警示着我们,在自己有了冲动想法的时候,还是先别急着采取行动,否则轻则伤感情、金钱,重则有可能搭上自己性命。人生就是这样,有些事情冲动了,可以弥补,而有些是怎么做也弥补不了的。作为一个30岁的男人,莽撞的行为已经不再适合自己的年龄了,不管什么时候,什么地方,什么情况,都要安安静静地把事情考虑周全,这才是你要做的最重要的事情。

每个人都有冲动的时候,尽管它是一种很难控制的情绪,但不管如何,你一定要牢牢控制住它。否则一点细小的疏忽,就可能会贻害无穷。具有理性控制力的人,总是能流露出一种涵养和心态。"逆境顺境看襟度",这"襟度"就是涵养,有涵养好,涵养过人尤好。"世上闲言碎语,一笔勾销",这就是良好的心态,心态良好,就不会去计较那些鸡毛蒜皮的小事,相反他们会给自己更多的时间去思考,去判断。遇到问题的时候他们的眼光并没有拘泥于现象,而是关注于事情的根源，也正是因为这个原因，他们很少会在自己的决断上发生错误，总是能以一种平和坦然的心态去面对自己的生活。

大部分成功者，都是对情绪能够收放自如的人。这时，情绪已不仅仅是一种情感的表达，更是一种重要的生存智慧。假如控制不住自己的情绪，随心所欲，就可能带来毁灭性的灾难。情绪控制得好，则可以帮你化险为夷。

一个人无论做什么事都要三思而后行，假如单凭自己的一时意气用事，势必会造成不堪设想的后果。当你感觉自己的判断并不是很准确或没有得到事实证明时，应该耐着性子等待时机，多多考虑斟酌一番，不要草率地去行事。

而立箴言

这个世界上诱惑很多，让我们愤怒的事情也很多，这些事情总是纷纷扰扰地纠缠着我们，成为了一种有害的元素，深入到我们的身体，刺激着我们冲动的欲望。当这种欲望的火苗不断地向上蹿动的时候，请记着为自己泼一盆冷水。作为一个30岁的成熟男人，你绝对有这个抑制力控制住自己内心的激动和愤恨。不管什么时候，请记住这句话吧！"冲动是魔鬼，谁碰谁后悔。"

自负，一个男人的致命伤

二十几岁的时候我们往往会因为一些小小的成功而自我满足起来，认为自己是天下最了不起的人，这个世界上自己是最棒的。到了30岁，你慢慢地走向了成熟，性格也开始慢慢内敛起来，也许在这个年纪你已经小有成就，也许你一直在为你得到的一切引以为荣。但这时候只想送你一句逆耳忠言：人可以自信，但不能自负，因为那是作为一个男人的致命伤，谁碰了这道伤，谁就会在人生的道路上丧失自我，迷失方向。

在人的一生中多多少少会经历几次成功，有人因为自己的这些成功而沾沾自喜，开始过高地估量自己的能力，甚至开始把自己与别人划分在不同的档次上。然而当他们从这飘飘然的美梦中醒来时，却从高高的天上跌落到了谷底，那种难受的滋味可想而知。作为一个30岁的男人，你必须向更完美更优秀的方向发展，但是当你暂时得到了你想要的东西时，千万不要因此而狂妄自大。这个世界上，自信是好东西，而自负就不一样了，他会把你引向另外一个世界，让你再也看不清自己的真实样子，甚至成为别人茶余饭后调侃的笑柄。

说到这里，让我们看看下面这则寓言故事：

一个夏夜，一只苍蝇被追得落荒而逃，躲藏在一个屋角。这时，一只蚊子悠闲地从书房中晃了出来，落在这只蝇子旁边："我说，兄弟，干什么这么气喘嘘嘘的啊？"

"你没见到，那人拿着把苍蝇拍，刚才我差点就完蛋了，幸亏我跑得快啊。呼……"苍蝇长长地呼了口气。

刚飞来的蚊子不屑地瞄了它一眼，说："切！我们为什么要怕他们人类呢？"

"哎？"苍蝇很吃惊地说，"难道你不怕他们？"

这只蚊子摆摆前爪："以前是害怕，不过现在我可不怕了。"

"怎么回事？"

"你过来，我带你看一样好东西。"说完，这只蚊子就连拉带拽地将苍蝇带到了书房。

他们落在桌子上一本打开的书上，原来是一本哲学书。然后蚊子指着打开的书说："看看吧，上面是怎么写的。"蝇子盘旋了一会儿，说："没有什么啊，只是有什么事物的联系啊。"

蚊子对苍蝇说："看看这里是怎么写的。"它说道，"一只蚊子在大洋的另一边扇动翅膀，可能会引起英国气候的改变。看到没有，可以引起英国气候的改变，以前我不知道自己有这个能力，没想到我是这么的厉害。现在我还怕什么人类，我只要站得远一点儿轻轻地扇一下我的翅膀，哈哈，他们就会被吹到九霄云外……"

"可是，可是，你以前吹走过人吗？"苍蝇打断它的话。"那是因为我以前不知道，也没有试过，不自信，现在我很有自信，让我们去找个人下手，我要打败人类，我们蚊子要统治世界。哈哈……"蚊子狂笑着。

这时，一只壁虎出现了，苍蝇看到了，它飞起来，叫蚊子："快逃跑啊，有壁虎！"

蚊子很傲慢地看了壁虎一眼，"切！我要打败人类，一只小小壁虎能拿我怎么样？正好拿你做试验，看我不把你扇到世界的尽头去，叫你头破血流，死无葬身之地！"

蚊子不但不飞走，反而扇动着翅膀非常自信地向壁虎走去，壁虎张开嘴，舌头一弹，蚊子不见了。苍蝇叹了口气，飞走了。

自视过高的蚊子终于付出了惨重的代价，原以为自己很渺小的蚊子竟然在看了一本哲学书后断送了自己的性命，这不能不说是蚊子的咎由自取。想想，若是蚊子不对哲学书断章取义的话，若是蚊子能够听得进苍蝇的劝阻的话，那么，至少它不会如此轻易地提前结束生命的旅程。

故事的寓意想必大家已经很清楚了，尽管你觉得自己很优秀，很有能力，但不可改变的是，你也仅仅是一个普通人。当一个人过高地估量了自己的能力，那么等待他的将只有失败。作为一个男人，我们总希望自己在人前能够彰显出自己作为男人的强大，因此有些超出自己能力范围以外的事情，也会一一地承担下来，这绝对不是一种自信的表现，而是一种自负的行为。回顾历史，审视今天，有多少英雄好汉陷入了自负的泥潭。项羽乌江自刎，关羽败走麦城，马谡失街亭打了败仗还丢了性命，从这些例子不难看出自负的心理永远是男人身上的一道不可触碰的伤痕，一旦触碰，这种伤害就会蔓延，使人最终丧失了真我，走向一条连自己都不知道后果如何的道路。

小刘大学毕业后进了一家公司。与他同时进公司的同事要么学历没他高，要么学的专业没他好，这些都让他很有优越感。当领导要他从最基础的工作做起时，他觉得以他的条件，实在是大材小用。一次，在计算效益时，他把一笔投资存款的利息重复计算了两次，虽然最后没有造成实际损失，但整个公司的财务计划却被全部打乱了。事后，小刘还很不在乎，觉得就像做错了一道数学题，改过来，下次注意就是了。可这种态度让主管很不放心，以后有什么重要的活，总找借口把他"晾"在外面，难得让他参与了。

有人说，自负是人们自掘的一个陷阱，当人们自负过头时，往往会陷入其中。大文豪王尔德说："人们把自己想得太伟大时，正是在显示本身的渺小。"自负不仅于己无益，而且还会给别人造成极坏的印象。作为一个成熟男人，应该懂得其中的道理。总而言之一句话：自负不是好东西，千万不要把这种致命伤留给自己。

而立箴言

昨天的荣誉是一种美好的回忆，但这并不能成为你自负的资本。不管你曾经多么辉煌、多么优秀，脚下的路还是要一步一步地走。30岁的男人，就应该有30岁的成熟，只有让自负远去，你才能够拥有更美好的明天。

这个世界上没有绝对的完美

这个世界上从来没有完美的人,当然也就没有完美的事情。有些时候一点小小的遗憾和残缺也会给我们带来更多的惊喜和感动。尽管完美是每个人都向往的,也是值得每一个人为之努力的,但是我们没有必要刻意地要求自己把人生的每一件事都做得完美无缺。对于30岁的你来说,一定要接受一个不争的事实:你也许是努力的,你也许是优秀的,但你绝对不是完美的。

在我们的生活中,总是有这样一些人他们即便已经把事情做得很漂亮了,但仍然紧皱着眉头,仿佛这个世界上没有任何事情值得自己欢呼雀跃。在别人的眼中,他们是社会的佼佼者,有车,有房,有漂亮的妻子,聪明的孩子,但是这一切却始终不能让他们满意,因为在他们眼中这一切还不完美。

30岁了,我们渴望把身边的每一件事都做得尽可能漂亮一些,让自己的家人过上更好的生活,用自信的微笑去迎接人生的每一次挑战,这并没有什么错。但是我们没有必要过于苛刻地要求自己,把自己逼到完美与不完美之间的那个死胡同里。因为在这个世界上,没有完美,尽管所有人都在迷恋这个词,但是它却仅仅是个神话而已。

有些人以为自己是在追求完美,其实他们才是最可怜的人,因为他们是在追求不完美中的完美。而这,根本就不存在。有些人勉励自己，不愿做弱者，只愿逞强，努力做出别人期待自己做出的事，这种人，才是真正的弱者。

失败者和成功者最根本的区别在于：前者拼命地改变自己的弱点，而后者是拼命地发挥自己的优点！

在人生的道路上确实存在许多的不完美，但是我们可以选择走出不完美的心境，而不是在不完美中叹息，当然，也不是去一味地追求所谓的完美。只有承认软弱，才可能变得坚强；只有面对人生的不完美，才能创造完美的人生。

一个孩子犯了一个错误，母亲不断地指责，因为她要培养孩子完美的品格。孩子拿出一张白纸，并且在白纸上画了一个黑点，问："妈妈，你在这张纸上看到了什么？"

"我看到这张纸脏了，它有一个黑点。"母亲说。

"可是它大部分还是白的呀！妈妈，你真是一个不完美的人，因为你只会注意不完美的部分。"孩子天真地说。

要求完美是一件好事，但要求过头了，反而比不要求完美更糟，世界上有太多的完美主义者，他们似乎不把事情做到完美就不会罢休。而这种人到了最后，大多会变成灰心失望的人。因为人所做的事情，根本就不可能有完美的。人生有许多不完美，但我们可以选择走出不完美的心境，而不是在不完美中哀叹。只有面对人生的不完美，才能创造"完美"的人生。这样，你才不会有那么多的心理负担。

下面再来看看这样一个故事：

有个年轻人，写了封信给上帝，希望能把已经走过的人生之路再重新走一遍，为了让自己不留遗憾。

上帝沉默了一会儿，同意让他在寻找伴侣这件事上试一试。

到了结婚年龄，年轻人碰上了一位美如天仙般的漂亮姑娘，姑娘也倾心于他。于是，他们很快结成夫妻。不久，年轻人发觉妻子虽然漂亮，可两人心灵无法沟通，他把这第一次婚姻作为草稿抹掉了。

年轻人第二次的婚姻对象，除了漂亮以外，又加上绝顶能干和绝顶聪明。可是，他又发现这个女人脾气很坏。年轻人无法忍受这种折磨，他祈求上帝再给他一次机会。

上帝点头应允了。

年轻人的第三位妻子简直无懈可击。婚后两人情投意合，过着幸福的生活。半年后，不料娇妻患上重病，卧床不起，一张病态的黄脸很快抹去了年轻和漂亮，聪明也一无是处，只剩下了毫无魅力可言的好脾气。

从道义上讲，年轻人应和她厮守终生，但从生活角度看，他无疑是相当不幸的。人生只有一次，无比珍贵，他试着问上帝能否再给他一次机会。上帝面有愠色，但最后还是同意了。经历了这几次折腾，年轻人个性已成熟，处事也老练了，最后终于选到了一位年轻、漂亮、能干、温顺、健康的"天使"姑娘。不料"天使"姑娘却看不上他。

年轻人正在人生路上踟蹰，忽见前方新竖一面路标，上面写道："完美是种理想，允许你十次修改也不会没有遗憾！"

是啊，完美是我们每个人心中的理想，但这个世界上没有人是完美的，没有完美的人，自然也就没有了完美的事情。所以，如果你想生活得更真实，更快乐，就不要过于苛求自己，让事情按照他原有的轨迹去发生发展，说不定你还会从中得到意外的惊喜。

断臂维纳斯之所以能成为世界女性艺术美的典范，就是因为无臂。维纳斯原作是有手臂的，只是成了碎片，无法修复。很多人试着帮她装上双臂，但却发现有臂的维纳斯反而不如无臂美，于是就没有给她安上双臂。无臂维纳斯能让人想象出维纳斯双臂的各种美的姿势。倘若她有完整的双臂，就会让人觉得单调乏味。作为一个30岁的男人，在社会上摸爬滚打了这么长时间，你应该知道过分要求自己，万事力求十全十美，每天处心积虑地面对生活，时时自我修正，小心地为人处事，神经紧绷绷地，是一件多么累的事情。如果你能悟出其中的道理，就应该趁现在好好放松一下自己，只有这样你的人生才能得到真正的快乐。

而立箴言

山不是完美的，因为它有棱有角，但是它成就了一片巍峨的壮丽。水不是完美的，因为它没有形状，但却是所有生物赖以生存的生命之源。同样，人也不是完美的，因为他们生来就有所残缺，但这不意味着他们的世界将只有失败。有的时候我们没有必要太在意结果，而是应该享受那种追逐的过程，这种过程比完美更美好，比完美更重要，比完美更值得让人留恋、珍藏。

该放手的时候就放手

对于很多男人来说,"放弃"这个词意味着一种无能,其实并非如此,放弃有的时候不代表着一种无奈,相反它是一种人生的释然。这个世界上的确有很多美好的东西,但是谁也无法保证自己能把他们统统抓在自己的手里。林语堂先生认为,人生在半玩世半认真中度过是最好的,有些时候我们没有必要那么较真儿,如果真的得不到,果断地放弃其实也是一种明智的表现。

这个世界是充满诱惑的世界,这个时代是充满未知的时代。幸福、财富、能力是我们每一个人都渴望得到的,可现实中我们往往是得到了这个却失去了那个。是的,我们没有百分之百的把握和能力把世间一切美好的事物都抓在手里,尽管它有的时候近在眼前,却怎么追也追不到。这个时候你该如何选择呢?作为一个 30 岁的男人,你应该果断地做出选择,与其对自己得不到的东西快马加鞭,不如把这些时间花在自己可以得到的那些美好的事物上。所有人都认为得不到的东西才是最美好的,与其苦苦追寻没有结果,不如就让这份美好存留在自己的记忆里。有些时候放弃是一种智慧,他成就了我们心中的完美,也让今后的道路更加明朗,在自己的人生中勾勒出一笔亮丽的色彩。

一个行囊,如果装得太满了就会很沉很重。作为一个生命,拖着疲惫的身躯走在人生大道上,我们注定要抛弃很多。果断的放弃是面对人生面对生活的一种清醒的选择。只有学会放弃那些本该放弃的包袱，生命才会轻装上阵，一路高歌；只有学会放弃，走出烦恼的困扰，生活才会倍感轻松、绚丽和富有朝气。

有事业心的男人性格往往好强，他们对什么东西都有很强的占有欲，为了获得这些东西，他们奋斗终生，却不懂得放弃一些东西，让自己在人生的路上好好歇一歇，重整一下对人生道路的思索。性格好强、争胜，确实能增加你奋斗的激情，从而使你比那些进取心弱的人更容易成功，但如果事事好强、争胜，只会让自己在劳累中失去奋斗的目标。对于目标不专一的人，无论你付出多少的汗水，都不可能有多大成就。

学会放弃，是放弃那种不切实际的幻想和难以实现的目标，而不是放弃为之奋斗的过程和努力；是放弃那种毫无意义的拼争和没有价值的索取，而不是丧失奋斗的动力和生命的活力；是放弃那种为金钱、地位、奢移生活的搏杀，而不是失去对美好生活的向往和追求。

面对纷繁复杂的世界和物欲横流的社会，懂得放弃的人，会用乐观、豁达的心态去对待没有得到的东西，他们每天都有快乐和愉悦的心情伴随左右。而不懂得放弃的人，只会焦头烂额地乱冲，他们不仅最终未能达到目标，而且每天都陷于得失的苦恼之中。

也许放弃在当时是痛苦的，甚至是无奈的选择。但是，若干年后，当我们回首那段往事时，我们会为当时正确的选择感到自豪，感到无愧于社会、无愧于人生。也许正是当年的放弃，才使我们到达了今天的光辉和成功的彼岸。

生活中值得我们追求的东西很多，但不是纠缠在那些毫无结果的东西上，或者拼命追求那些本该放弃的东西，而本该尽力追求的东西却又毫不足惜地放弃，这样到头只能换来竹篮打水一场空。如果说执著是一种精神。那么放弃则是一种勇气和境界。得不到的或不该得的就该果断地放弃。匆匆的生命有限的人生，不允许我们四面出击，分散自己的时间和精力，在大好时光中忙忙碌碌终无所为。

执迷不悟是一意孤行的固执。不如正视现实咬咬牙勇敢地放弃那力不从心却又苦撑硬撑的执著，在清醒的选择之后，明白了自己意志的支点，一切就会变得单纯而明朗了。扔掉扰心的烦恼，忘记失败的沮丧，封藏痛苦的记忆。坚定地把许多的过去踩在脚下，留在身后。选择了瞬间的清醒，就等于选择了瞬间的成长。

有这样一个故事：有一个人想得到一块土地，地主就对他说，清早，你从这里往外跑，跑一段就插个旗杆，只要你在太阳落山前赶回来，插上旗杆的地都归你。那人就不要命地跑，太阳偏西了还不知足。太阳落山前，他是跑回来了，但已精疲力竭，摔个跟头就再也没起来。于是有人挖了个坑，就地埋了他。牧师在给这个人做祈祷时说："一个人要多少地儿呢？就这么大。"

出生时，我们一无所有，但年复一年，我们已被生活的包袱压得喘不过气来。同时，我们也被各种欲望所折磨着。欲望太多，常使人不满足，以致心理产生忧愁、愤怒。托尔斯泰说："欲望越小，人生就越幸福。"知足，才能常乐，才能免除恐惧与焦虑，活得轻松，过得自在。

及时调整心态，坦然面对失去，正确看待失去，学会忍受失去，让胸襟更豁达一些，让眼光更长远一些。为了成就一番事业，为了实现自己人生的目标，经常为自己整整枝。排除那些不必要的留恋与顾盼，鞭策自我，以便集中精力于人生的追求。

一生之中，我们会遇到太多太多的诱惑，所以该放手的时候就放手吧。放弃那些对我们来说并非必要的东西，专注地把握自己真正的志趣和才能，只有这样人生才会富有内涵，回首人生时我们才会少一些遗憾，多一些阳光和微笑。

而立箴言

生命对我们每一个人来说只有一次，我们不能让太多无关的人或事或功名来消耗我们的光阴和智慧；也不可能去成就许多种事业，做到名利双收、事事如意；更不能和那些消耗我们的人或事，来个持久战，让它们给我们不断地带来麻烦和损失。我们要用放弃来保护自己，来成就自己，来砥砺自己。

走自己的路，按自己的意愿去生活

人生是短暂的，我们没有必要总是按别人的意愿去生活。如果自己这辈子都在听从别人的调遣，没有做过一件自己想做的事情，那无疑是一件很可悲的事情。其实人生的成功，不在于你为自己集聚了多少财富，不在于你有了多么显赫的地位，而在于你这辈子做自己喜欢的事情多于自己不喜欢的事情。有句名言说："走自己的路，让别人去说吧！"这是作为一个30岁的男人最应该遵循的人生准则。

　　30岁的男人总是有着自己的追求和理想,也许这些追求和理想在很多人看来只不过是一些无稽之谈,但是只要你觉得这些事情能够办成,那最好还是不要受别人的影响。有句话说得好:"真理往往掌握在少数人手里。"发明电灯前,尽管所有人都说那是天方夜谭,但是爱迪生终究把整个世界的夜晚点亮了。尽管在很久以前人能上天是一种不可能的奢望,但是今天我们的飞机还是上天了,而且飞得越来越高,甚至还飞出了地球。这些都告诉我们,不要在乎别人说什么,只要按照自己的意愿去生活,只要你觉得你可以因此得到更多的快乐,就应该一直坚持地走下去。

　　我们时常会看到,有些人好像不在自己意志的指挥之下生活,而是在别人给他划定的范围之内兜圈子。他们奉为圭臬、赖以决定自己动向的,是"别人认为怎样怎样","我如不这样做,别人会怎样说",或"假如我这样做,别人会怎样批评"。不幸的是,别人的批评又是那么不一致:张三认为应该向东,李四认为应该向西,赵五认为应该向南,王六认为应该向北。你如选择其一,其他三人照样会指责你。

　　于是,时常顾虑到"别人怎样说"的人,就只好一年到头在不知究竟怎样才好的为难紧张之中团团转,总也走不出一条路来。

　　这种人,即使侥幸由于天生善于应付而能达到不受批评的地步,他最大的成就也不过是个不被讨厌的人物。别人所给他的最大的敬意,也不过是说他圆滑周到而已,而就他本身来说,因为他终生被驱策在别人的意见之下,一定感到头晕眼花、疲于奔命,把精力全部消耗在应付环境、讨好别人上,以致没有余力去追求自己的梦想。

我们知道，生活中并没有两旁摆满玫瑰花、大门上写着"成功"的通道，生活是一种起伏不定的挣扎与奋斗。很多男人都是经过艰苦奋斗，最后终于获得成功的。可贵的是在奋斗过程中，他们都能保持自己的特点，坚持走自己的路。

如果今天的压力令你感到难过，但是你又摆脱不了这种压力，那也不要因此而感到绝望，因为这并不表示你自己的理想就已经宣告结束，你也用不着把你的理想缩小。也许有些力量正在你内心深处冬眠，等着你在适当的机会发掘及培养。通过这种培养，你可以让自己走到更远的地方。

按自己的意愿去生活，的确不是一件容易的事。它的不易之处就在于，想法和行动之间，隔着惰性，而惰性又是人性的一大弱点，克服的难度可想而知；它的不易之处也在于，现实生活与理想生活之间，隔着世俗阻碍，而世俗也是不可逃脱之地，克服的难度可想而知。一个人要想按着自己的意愿生活，既要战胜自己，又要抵抗对手，这简直是不可能完成的任务。

意愿有大有小，有强有弱。我们要成为什么样的人，我们要什么样的生活，以现在我们的能力，急功近利急于求成索要这些本不属于我们的东西，不仅少有成功，即使获得了也很难驾驭得了，反而增添了固执的痛苦和孤独。与其这样"晚上想想千条路，早上起来走原路"，还不如把握现在，把握我们每天的生活之路。

这一天，给自己设计几个小目标，有功利的也有情致的，有高雅的也有世俗的，有紧张的也有放松的，若能完成其中的百分之七八十，幸福感和价值感便油然而生，生活从此有了意义，而这个意义不是你做了多少事，得了多少名，而是在于：这一天，你在按照自己的意愿去生活。

没有自我的生活是苦不堪言的，没有自我的人生是索然无味的，丧失自我更是悲哀的。要想拥有美好的生活，自己必须自强自立，拥有良好的生存能力。没有生存能力又缺乏自信的人，肯定没有自我。一个人若是失去了自我，就没有做人的尊严，就不能获得别人的尊重。

男人活着是为了实现自己的价值，按照自己的意愿去活，不去迎合别人的意见。歌德说："每个人都应该坚持走他为自己开辟的道路，不为权威所吓倒，不受他人的观点所牵制。"让人人都对自己满意，这是个不切实际、应当放弃的期望。

我们无法改变别人的看法，能改变的仅是我们自己。每个人都有不同的想法，不可能强求统一。讨好每个人是愚蠢的，也是没有必要的。

男人与其把精力花在一味地去献媚别人、无时无刻地去顺从别人上，还不如把主要精力放在踏踏实实做人上、兢兢业业做事上、刻苦认真学习上。改变别人不容易，按自己的意愿生活应该不难。

而立箴言

对于一个人来说，按照自己的意愿去生活比什么都重要，不要在乎别人的评论，做自己想做的事情，这是作为30岁男人走向成熟的标志。这个世界，需要执著，需要信心，也需要快乐。用心去做自己想做的事情吧，你需要按照自己的意愿走完生命的全程。

战胜深藏在内心的那份恐惧感

在女人和孩子看来男人是强大的，也许作为男人自己也是这么认为的，然而这并不代表男人就能天不怕地不怕，对什么都无所畏惧。其实有的时候男人也很脆弱，也有自己害怕的事情，这些恐惧隐藏在他们的心里，偶尔还会有一种隐隐作痛的感觉。作为一个30岁的男人，走向成熟的第一步就应该是正视那份恐惧，并想办法克服它，战胜它。

时间一天天过去，你不知不觉跨入了30岁的行列，尽管二十几岁的时候你总是说自己的无惧无畏，说自己天不怕地不怕，但只有自己最清楚，在面对某些特定事情的时候你还是很担心，甚至还有可能会腿脚发软。现在自己已经走向了成熟，你也开始慢慢了解到自己不是无所不能的，自己的内心又经常会产生莫名的恐惧感，尽管你表面上还是那样地强悍，但只有你自己清楚，那只不过是把内心的不安留藏在自己内心的深处，不愿意把它外露给别人而已。

当我们懂得了这种人生的真相，内心多少又有些不安分和紧张的感觉，有人担心如果有一天撞见自己恐惧的事情该怎么办？有人担心自己那时候没有能力给自己的家人或朋友提供安全感，甚至遭遇自身难保的窘境。其实，这个世界上80%的恐惧都是纸老虎。只要你能够从容的应对，让自己的心趋于平静，就会找到应对它们的方法，并在第一时间消除他们给你生活带来的隐患，甚至成为一个打倒恐惧的英雄。

安吉·英泰尔37岁那年做了一个疯狂的决定:放弃他薪水优厚的主编工作,把身上仅有的三块多美元捐给街角的流浪汉,只带了干净的内衣裤,决定由阳光明媚的加州,靠搭便车与陌生人的好心,横穿美国。

他的目的地是美国东岸北卡罗莱纳州的"恐怖角"　(Cape Fear)。这是他精神快崩溃时做的一个仓促决定,某个午后他忽然哭了,因为他问了自己一个问题:如果有人通知我今天死期到了,我会后悔吗?答案竟是那么的肯定。虽然他有好工作、美丽的女友、热心的亲友,但他发现自己这辈子从来没有下过什么赌注,平顺的人生从没有高峰或谷底。他为自己懦弱的前半生而哭。

一念之间,他选择北卡罗莱纳的恐怖角作为最终目的地,借以象征他征服生命中所有恐惧的决心。

他检讨自己,很诚实地为他的"恐惧"开出一张清单:从小时候开始他就怕保姆、怕邮差、怕鸟、怕猫、怕蛇、怕蝙蝠、怕黑暗、怕大海、怕飞、怕城市、怕荒野、怕热闹又怕孤独、怕失败又怕成功、怕精神崩溃……他无所不怕,却似乎"英勇"地当了主编。

这个懦弱的37岁男人上路前还接到奶奶的纸条:"你一定会在路上被人杀掉。"但他成功了,4000多里路,78顿餐,仰赖82个陌生人的好心。没有接受过任何金钱的馈赠,在雷雨交加中睡在潮湿的睡袋里,也有几次像公路分尸案杀手或抢匪的家伙使他心惊胆战,在游民之家靠打工换取住宿,住过几个破碎家庭,碰到不少患有精神疾病的人，他终于来到恐怖角，接到女友寄给他的提款卡（他看见那个包裹时恨不得跳上柜台拥抱邮局职员）。他不是为了证明金钱无用，只是用这种正常人会觉得"无聊"的艰辛旅程来使自己面对所有恐惧。恐怖角到了，但恐怖角并不恐怖，原来"恐怖角"这个名称，是由一位16世纪的探险家取的，本来叫"Cape Faire"，被讹写为"Cape Fear"，只是一个失误。

其实，从恐惧的本意和表现来看，恐惧是我们自己造出来的，它发自我们的"肺腑"，来自我们的内心，是我们自己吓怕了自己。事实上，也确实如此，任何事情本身并不恐怖，往往是我们对他们了解不够，或者根本没有了解，处于无知状态，从博弈的角度上讲，无形中高估、放大了对手的能力，贬低了自身的能力，是失去自信心不相信自己能战胜对手所造成的。

一天，几个学生向一位著名的心理学家请教：心态对一个人会产生什么样的影响？他微微一笑，什么也不说，就把他们带到一间黑暗的房子里。在他的引导下，学生们很快就穿过了这间伸手不见五指的神秘房间。接着，心理学家打开房间里的一盏灯，在这昏黄如烛的灯光下，学生们才看清楚房间的布置，不禁吓出了一身冷汗。原来，这间房子的地面就是一个很深很大的池子，池子里蠕动着各种毒蛇，包括1条大蟒蛇和3条眼镜蛇，有好几条毒蛇正高高地昂着头，朝他们"滋滋"地吐着信子。就在这蛇池的上方，搭着一座很窄的木桥，他们刚才就是从这座木桥上走过来的。

心理学家看着他们，问："现在，你们还愿意再次走过这座桥吗？"大家你看看我，我看看你，都不作声。过了片刻，终于有3个学生犹犹豫豫地站了出来。其中一个学生一上去,就异常小心地挪动着双脚,速度比第一次慢了好多倍;另一个学生战战兢兢地踩在小木桥上,身子不由自主地颤抖着,才走到一半,就挺不住了;第三个学生干脆弯下身来,慢慢地趴在小桥上爬了过去。

"啪",心理学家又打开了房内另外几盏灯,强烈的灯光一下子把整个房间照耀得如同白昼。学生们揉揉眼睛再仔细看,才发现在小木桥的下方装着一道安全网,只是因为网线的颜色极暗淡,他们刚才都没有看出来。心理学家大声地问:"你们当中还有谁愿意现在就通过这座小桥?"学生们没有作声,"你们为什么不愿意呢?"弗洛姆问道。"这张安全网的质量可靠吗?"学生心有余悸地反问。

心理学家笑了:"我可以解答你们的疑问了,这座桥本来不难走,可是桥下的毒蛇对你们造成了心理威慑,于是,你们就失去了平静的心态,乱了方寸,慌了手脚,表现出各种程度的胆怯——心态对行为当然是有影响的啊。"

其实人生何尝不是如此?当我们面对各种挑战的时候,失败的原因往往不是因为势单力薄,不是因为智能低下,也不是没有把整个局势分析透彻,而是因为把困难看得太清楚了、分析得实在太透彻、考虑得实在太详尽,最终是被困难吓倒了,感觉自己举步维艰。人们常说:"知己知彼,百战不殆。"这是为了给自己多加几成胜算,但他绝对不能成为阻碍自己成功的障碍。其实有的时候,战胜恐惧就是战胜自己,只要拿出自己的勇气去做,也许那些缠绕在心中的恐惧就烟消云散了。

恐惧不是什么可怕的魔鬼，但它总是会在我们的心里作祟，使我们的内心焦躁不安。也许有些恐惧的事情已经困惑了你30年，但作为一个成熟男人的你，现在最需要的是向这些恐惧告别。你必须战胜自己，必须相信自己的能力。拿出自己的勇气吧！除了你自己，没有任何人可以帮助你战胜这一切。

男人，一定要坚毅刚强

中国有句古话："男儿有泪不轻弹。"人生不可能事事顺利，我们每个人都有可能经历悲伤，沮丧。作为一个男人，我们必须选择坚毅刚强。困难也好，失败也罢，如果我们总把眼泪挂在脸上，满腹无奈与迷茫，恐怕整个世界都会失去希望。男人永远是坚强的代表，不管未来会发生什么，他们都应该沉着地用刚毅撑起自己应撑起的那半壁天空。

男人，真正的男人，一定要坚强，只有坚强的男人才能最终得到上帝美好的恩赐。

大凡成功的男人，人们都喜欢说他们冷酷无情。其实不然，他们只不过是能够冷静地面对事业进展过程中每一个关键时刻而已。正是因为这一点，他们才能在困难的形势下，稳健地追求着自己的目标。

而有些人却缺乏这样的个性,他们总是欲望强烈,而意志脆弱。所以,遇到不利于自己的局势,就会听任脆弱的意志摆布,直到他所追求的目标成为记忆中一个遥远的影子。

有些男人能够主宰自身的欲望,做欲望的主人,最终获得成功,而有些男人却被欲望所控制,做了欲望的奴隶。于是,最终就有了两种男人:成功的男人和失败的男人。而这一切全是由一个东西主宰,那就是意志。

坚毅刚强的男人,当然也有欲望,但是他们懂得如何控制并合理地释放自己的欲望;而与此相反,意志薄弱的男人,他们在想象中夸大了欲望,他们认为欲望不可能被控制住,因此就走向一个极端,不断地寻求着发泄,结果没心思去做正事,荒废了前程。

最终,意志坚强的男人成了成功的人士,他们有条件获得更好的满足自己欲望的方式,他们生活充实,日子美满,令人羡慕。而意志薄弱的男人最终无法获得成功,他们成了悲观论者,觉得一切都是天意,一切都是上天的安排,最终不仅欲望没有得到很好的满足,而且失去了更多的东西。

冠军永远都是那些百折不挠被打倒了还会再爬起来的人。一次、两次不成,就再试几次。能不能成功,全看你能否坚持到底。多数人没有达到目标,原因就在于不能坚持。百折不挠的毅力,才是成功人生的必备条件。

冰心说:“成功的花儿,人们只惊羡它现时的明艳。然而当初它的芽儿浸透了奋斗的泪泉,洒遍了牺牲的血雨。”如果遭遇挫折,仍能以奋斗的英姿与之对抗,那么,这样的人生是辉煌的。

其实,痛苦本不是一件坏事,因为,在它的背后写着:积极向上，永不放弃。然而，有些人，遭遇痛苦，却不调整心态，重新面对；而是把自己闷在家中，整日痛哭流涕，以为自己是世界上最倒霉的人。这样一来，原本一丁点儿的痛苦，被他看得很大很大。从而，一直沉浸在痛苦中。

但是，生活中就有这样一些智者，别人以为他们的快乐是以没有痛苦为前提的，可事实是，他们也有痛苦，或许，会比你的还多得多。然而，他们面对痛苦，却与前者的态度截然相反：扬一扬眉毛，甩一甩头发，刚才的不愉快，就会随着微风，烟消云散。

其实，摆脱痛苦就这么简单！不需要安慰，不需要哭泣，更不需要魔术师帮你解除，只需微微一笑。因为，笑声具有很强的感染力，是任何药物都无法与之相比的。

居里夫人说："人要有毅力，否则将一事无成。"法国微生物学家巴斯德说："告诉你使我达到目标的奥秘吧，我唯一的力量就是我的坚持精神。"遭遇挫折，不应放大痛苦。擦一擦额上的汗，拭一拭眼中欲滴的泪，继续前进吧！相信总有一天你会看见蓝蓝的天，白白的云，青青的草，还有你嘴角边甜甜的微笑。

而立箴言

男人是这个社会的半边天，是很多人依靠的肩膀。这个肩膀一定要是挺实的，安全的。要想给别人这种感觉，男人首先就要培养自己坚毅刚强的性格。他用他坚强的微笑告诉着身边的人："没什么大不了，一切都会过去，我才是那个笑到最后的人。"

第二章

男人 30 岁练就你的成熟心态

　　30 岁了, 说大不大, 说小也不小了。二十几岁的时候, 你可以说你自己不够成熟, 所以你还可以和父母要要赖, 跟比自己大的人偷偷懒。但是到了 30 岁, 当这一切的举动再出现在你的行为里的时候, 别人就会皱起眉头, 甚至说你是一个不够负责任的人。好好审视一下自己吧, 你已经是一个成熟的男人了。成熟的男人就要有一个成熟男人的样子。即便你对过去还有些留恋, 即便你真的不愿意面对自己已经 30 岁的事实, 但你不得不承认你已经步入了成熟男人的圈子, 必须要挑起这副担子, 背起更多的责任和目标, 这时候练就一个成熟的心态就成为了一件势在必行的事情。

用自信证明你的实力

年龄一年比一年大，面对的挑战也会一天比一天多，这时候每个人心里多少都会有一些小担心，生怕自己经受不住考验，也正是因为这个原因，当自己面临挫败的时候，很多人都会一脸茫然。其实这只不过是一个成长的过程，是你从稚嫩走向成熟的转变，在这种转变中你必须学会自信，因为只有成为自信的男人，你才能向世界证明自己的实力，才能告诉别人："我是最优秀的。"

30岁的男人每天都要面对这样那样的问题和挑战，不论是工作上的还是生活上的，有的人面对这些事情的时候总是一脸无助的表情，而有些人却能从中找到属于自己的成就感，这就是一种自信的表现。在这个充满竞争的世界里，想拥有自己的一席之地并非一件容易的事情，要想在这场争夺赛中取得成功，作为一个男人首先就要拥有十足的信心，相信自己通过努力一定可以成功，即便不是现在，但至少胜利的那一天也不会太遥远。

遥想自己当年二十多岁的时候，也是心怀梦想的阳光少年，那份叛逆，那股闯劲儿至今还记忆犹新，然而当年龄一天天地大了，有棱有角的自己慢慢地在时间的磨砺下变得圆滑，那种曾经的自信似乎在不知不觉中消散了，有的人说："我只希望自己和家人都能够平平安安，快快乐乐就好。"但是你有没有想过，平安应该怎样保持？快乐又该怎样保鲜？当我们心底的声音越来越小，当我们将理想和自信送进坟墓，整个生活都将因此而黯淡下来，人生还有什么意义呢？

很多人不成功，找起原因来总会有十条八条，其中"致命的"就一条：是你自己认为自己不行。比如说，领导派你去开展一项新业务，你第一句话就是："我能行吗？"于是当你对自己产生怀疑的时候，别人也就因此对你同样产生了怀疑。于是你越来越自卑，越来越觉得自己一无是处。说穿了，这就是自己怀疑自己的弊端。一个人如果自己往自己身上设置限制的话，这必将会成为成功的最大障碍之一。所以，如果你想要成功，那么首先就要相信自己！

说到这里忽然想起了这样一个故事：

从前，有个男孩子，从小在孤儿院里长大。在他 18 岁生日那天他对院长说："我都长成大人了，还不知道亲生父母是谁，像我这样没人要的孩子，活着真没有意义。"院长说："你以前可没有这样的想法啊，今天到底是怎么了？"他回答道："我马上要走向社会了，忽然感到会有很多陌生的眼睛盯住我，他们会嘲笑我，看不起人我，让我不寒而栗。"院长想了想，说："这样吧，你先把你的想法放一放，明天先去帮我办件事，行吗？"男孩点点头同意了。

第二天院长就交给他一块石头，圆圆的石头，看起来像一块宝石。院长告诉他："你拿着这块石头去集市，找个地方摆上，写上售价 10 元。一定记住，不论别人出多少钱，你绝对不能'真卖'。"男孩拿着石头就去了菜市场，蹲在一个角落，很快地有人上来围观。有个人说："哎，你这块石头卖吗？""卖。""多少钱？""10 元。"

可是人家真的要买的时候，他说："不卖了。"人家说："那我给你20元。""20元也不卖。""30元行不行？""不行。"因为他答应院长了，谁出多少钱也不卖。

晚上，男孩回到孤儿院。院长说："明天不要去集市了，你换个地方到黄金市场试试，石头标价50元。还是我那句话，别人出多少钱都不要卖。"结果呢，石头摆了一个上午，没人理睬。到了下午有人要买了，男孩又不卖，最后有人出价到100元钱，男孩说："不行，价格还低，我不能卖。"他回去后跟院长说了："这么一块破石头，人家已经出价不低了，你到底为啥不让我卖呢？"院长笑了笑，说："明天你带着石头到宝石店门前卖，标价100元。"男孩挠挠头，心里想这下子肯定无人问津了。

没想到水涨船高，很快有人出价到200元、300元，到了傍晚竟然有人抬价到1000元钱了。男孩这时候想，卖了吧，能卖到这样的高价，院长肯定会高兴的。但是他刚刚要出手的时候，院长的嘱咐又响在了耳边，他不得不把这块石头又拿了回来。院长这个晚上对他语重心长地说："为什么不让你卖掉呢？因为你从小没有父母，你的命运就像这块石头一样，心里头感觉冰凉冰凉的。但是，不要管别人是否看得起你，你只要自己看得起自己，永远不要把自己出卖，这样你一辈子才会不停地升值。"

这个故事里的主人公虽然只是个18岁的少年，但对于我们这些面对而立之年的男人来说，还是很有教育意义的。其实，我们每个人都是一块闪闪发光的宝石，只不过自己总是不相信自己身上那绚烂的光环。30岁的年纪，正是实现梦想的时候，如果你相信自己，那么未来就是你的；如果你相信自己，也许成功就在明天；如果你相信自己，再多的挑战都会无所畏惧；如果你相信自己，幸福的大门就将永远为你敞开。

其实，生活就是这样，只要你拥有自信，只要你愿意为心中的理想而执著，那么没有什么事情是办不到的，当然前提是，你要相信自己的实力。

而立箴言

30 年的历练，30 年的阅历，30 年的执著，不管你是小有成绩还是继续在为理想而打拼，自信都将是你前进的动力和资本。从某种角度来说只有自信才能帮你证明自己的实力。作为一个男人，面对挑战千万不要退却，当你微笑着去面对世间的一切时，你就会发现自己在这个世界上的地位和价值。

把乐观渗入自己的骨髓

这个世界上没有谁的人生是一帆风顺的，如果人的一生都在平庸中度过，没有一丝的起落和波澜，那么他必将因此而深感遗憾。困难和挑战一个接一个接踵而至，无论是成功还是失败，都不过是生命的一个过程。这时候，你不应该皱起自己的眉头，而应用一颗乐观向上的心去期盼明天的太阳。太阳每一天都会从东方升起，30

年从未间断过，当然明天，明天的明天也是如此……

当困难来临的时候，你的反应是怎样的呢？30 年的风风雨雨，虽说人生没有什么大起大落，但至少也经历了一些波澜。很多成功的人把乐观的心态渗入到了自己的骨髓，在他们眼中困难和挑战不是什么了不起的大事，而仅仅是一个有待于解决的问题。也许自己这张答卷不会是最好的，但却是最认真的，倾尽全力的。在人生的道路上，不管出现了什么样的问题，只要尽力了就好。当你怀着一颗乐观的心面对这个世界的时候，世界也会同样给你一个灿烂的笑容。

一位著名的政治家曾经说过："要想征服世界，首先要征服自己的悲观。"在人生中，悲观的情绪笼罩着生命中的各个阶段，而立之年更是不可避免。战胜悲观的情绪，用开朗、乐观的心态支配自己的生命，你就会发现生活有趣得多。悲观就好比是一个幽灵，能征服自己的悲观情绪的人，往往能征服世界上许多困难的事情。尽管人生中悲观的情绪不可能完全消散，但最要紧的事情是我们要用自己乐观的心去击败它，征服它。

在日常的生活中，我们往往见到有人积极乐观，有人消极悲观。处理问题的态度也有着很大的差异，这是为什么呢？其实，外在的世界并没有什么不同，只是个人内在的处世态度不同罢了。

一家卖甜甜圈的商店贴了这样一块发人深思的招牌，上面写着："乐观者和悲观者的差别十分微妙：乐观者看到的是甜甜圈，而悲观者看到的则是甜甜圈中间的小小空洞。"这虽然只是个短短的幽默句子，却透露了这家甜甜圈店追求快乐的本质。事实上，人们眼睛见到的，往往并不是整个事物的全貌，而只是自己想寻求的东西。乐观者和悲观者各自寻求的东西不同，因而对同样的事物，就采取了两种截然不同的态度。

　　从前有位秀才第三次进京赶考，住在一个经常住的店里。考试前两天他做了三个梦：第一个梦是梦到自己在墙上种白菜，第二个梦是下雨天，他戴了斗笠还打着伞，第三个梦是梦到跟自己心爱的女子躺在一起，但是背靠着背。临考之际做此梦，似乎与自己的前程大有关系，于是秀才第二天去找算命的解梦。算命的一听，连拍大腿说："你还是回家吧。你想想，高墙上种菜不是白费劲吗？戴斗笠还打雨伞不是多此一举吗？跟女子躺在一张床上，却背靠背，不是没戏吗？"秀才一听，心灰意冷，回店收拾包裹准备回家。店老板非常奇怪，问："不是明天就考试吗？今天怎么就打道回府了？"秀才如此这般说了一番，店老板乐了："咳，我也会解梦的。我倒觉得，你这次一定能考中。你想想，墙上种菜不是高种吗？戴斗笠打伞不是双保险吗？你跟女子背背靠背躺在床上，不是说明你马上就要得到了吗？"秀才一听，觉得更有道理，于是精神振奋地参加考试，居然中了个探花。

　　由此可见，凡事都有两面性，多从积极乐观的角度去思考，往往会有好的结局。用乐观的态度对待人生，你可以看到"青草池边处处花"，"百鸟枝头唱春山"，用悲观的态度对待人生，举目只是"黄梅时节家家雨"，低眉即听"风过芭蕉雨滴残"。譬如打开窗户看夜空，有的人看到的是星光璀璨，夜空明媚；有的人看到的是黑暗一片。一个心态正常的人可在茫茫的夜空中读出星光的灿烂，增强自己对生活的自信，一个心态不正常的人让黑暗埋葬了自己且越埋越深。

　　从某种角度来说，微笑是乐观击败悲观的最有利武器。无论你的生命走到了什么样的地步，都不要忘记自己还可以微笑着看待眼前的一切。只要你微笑，厄运就会离你而去，渐渐消失；只要你微笑，你的生命就能将种种不利于你的局面一点点打开；只要你微笑，代表幸福的阳光就能照射在你的身上，侵入你的皮肤，渗透到你的骨髓里，使你整个身体都充满力量，使你的每一天都在激情与快乐中安然度过。

　　但是，守住乐观心态并不是一件容易的事情，悲观在寻常的日子里随处可以找到，而乐观则需要我们通过努力，通过智慧，才能使自己长久保持在一种人生处处充满生机的状态。悲观使人生的路愈走愈窄，乐观使人生的路愈走愈宽。作为一个30岁的成熟男人，选择乐观的态度对待人生是一种人生的智慧。在诸多无奈的人生关卡里，仰望夜空看到的是闪烁的星斗；俯视大地，大地是绿了又黄，黄了又绿的美景……这种乐观就是坚韧不拔的毅力支撑起来的一片靓丽景观。

　　一个人的情绪受环境的影响，这是很正常的，但你苦着脸，一副苦大仇深的样子，对环境并不会有任何的改变，相反，如果微笑着去生活，那会增加亲和力，别人更乐于跟你交往，得到的机会也会更多。只有心里有阳光的人，才能感受到现实的阳光，如果连自己都常苦着脸，那生活怎能变得美好起来？其实，生活始终是一面镜子，照到的是我们的影像，当我们哭泣时，生活也在哭泣，当我们微笑时，生活也会跟着微笑起来的。

而立箴言

不管遇到什么事情都不要过于悲观，有道是"人生何处无芳草"，关键看你能不能保持好一个乐观的心态。如果你真的能守住一个乐观的心境，"不以物喜，不以己悲"，就一定能够看遍天上胜景，览尽人间春色，成为一个幸福快乐的人。

怀着感恩，用心经营自己的人生

生活并没有拖欠我们任何东西，所以没有必要整天愁眉苦脸。相反，面对生活我们应该充满感激，至少，是它给了我们生命，给了我们生存的空间。作为一个 30 岁的人，我们要感谢的人和事情太多了，在我们的记忆中，那些难忘的回忆和往事，总是在不经意间浮现在我们的脑海。这时候，耳边仿佛回荡起了那首令自己感动过无数次的歌："感恩的心，感谢有你，花开花落，我依然会珍惜……"

当提到感恩这件事情，你第一个想到的是谁呢？你在这个世界上生存了 30 年了，不论是小时候，还是现在，总有一些人一些事对你产生了很大的影响和帮助。它们让你了解了外面的世界，让你有勇气为了明天而奋起拼搏，让你明确了未来的目标，知道了自己最想要的东西是什么。不管怎样，这一切都是值得我们用一生去珍藏的，当我们翻开这本充满感恩的心路历程的书，这些往事就会充斥在你的脑海中久久不愿散去，尽管有些事情已经过去多年，但是至今仍然值得回味，或许那将会成为你一生都难忘的记忆。

在生活中计较的多了，其实是一种失去。因为计较的多了，心灵的负担就会很重，失望、生气、悲伤、愤怒等种种不良的情绪就会占据我们的心灵空间，而将快乐挤走，实在是得不偿失。感恩之心是一颗美好的种子！计较的少，也并非就是失去了什么，或许那很可能是另一种意义上的得到。因为有时候，放弃并不意味着一无所有，而是一种更宽广的生命的拥有和拾取，"塞翁失马，焉知非福"？我们丢掉的也许只不过是一些可有可无的东西，结果却得到了更重要的快乐！

感恩是一种处世哲学，也是生活中的大智慧。一个智慧的人，不应该为自己所没有的斤斤计较，也不应该一味索取或私欲膨胀。学会感恩，为自己已有的而感恩，感谢生活给你的赠予。这样你才会有一个积极的人生观和健康的心态。每天怀着感恩说"谢谢"，不仅仅会使自己有积极的想法，也会使别人感到快乐。在别人需要帮助时，伸出援助之手；而当别人帮助自己时，以真诚的微笑表达感谢；当你悲伤时，也会有人抽出时间来安慰你，这些小小的细节都是一颗感恩的心。

在英国，感恩节是个快乐的日子。可在许多年以前，有一对年轻的夫妇却是以绝望的心情来迎接它的到来，因为他们太穷了，想都不敢想节日的"大餐"。看着心情糟透的父母大吵起来，独生子只能无助地站在旁边。正在这时，响起了敲门声。男孩看到门外站着一个满面笑容的男人，手里还提着一个大篮子，里头装满了各式各样过节用的东西。这家人一时不知究竟是怎么回事。那人说："这份东西是别人托我送来的，他希望你们知道还有人在关怀和爱着你们。"看着这份陌生人送来的礼物，夫妇俩推辞着。可那人把篮子搁在男孩子的臂弯里就转身离开了，临走时还留下一句温暖的话语："祝感恩节快乐！"

感恩之心在男孩子的心底油然而生，他暗暗发誓：日后也要以同样的方式去帮助别人。

18岁那年，男孩子终于可以养活自己了。虽然他的收入很少，可在这年的感恩节，他还是花钱买了不少食物，装做一个送货员，把这些食物送给了一个很穷的家庭。当他走进那破落的房子时，前来开门的妇女警惕地盯着他。他对那妇女说："我是受人之托来送货的，请你收下这些东西吧！"说着从他那辆破车上取下食物，孩子们高兴地欢呼起来。"你是上帝派来的使者！"那妇女语无伦次地说。"不，不，是一个朋友托我送的，祝你们快乐！"说完他把一张纸条交给了这位妇女。字条上写道："我是你们的一位朋友，愿你们能过个快乐的节日，也希望你们知道有人在默默地爱着你们。今后如果你们有能力，请同样把这样的礼物送给其他需要帮助的人。"

这个年轻人怀着一个美好的心愿生活着、奋斗着，终于成为了影响许多英国人心灵的大师。他的名字叫罗宾。

人生道路，曲折坎坷，不知有多少艰难险阻，甚至遭遇挫折和失败。在危难时刻，有人向你伸出温暖的双手，解除生活的困顿；

有人为你指点迷津，让你明确前进的方向；甚至有人用肩膀、身躯把你擎起来，让你攀上人生的高峰……你最终战胜了苦难，扬帆远航，驶向光明幸福的彼岸。那么，你能不心存感激吗？你能不思回报吗？感恩的关键在于回报意识。回报，就是对哺育、培养、教导、指引、帮助、支持乃至救护自己的人心存感激，并通过自己十倍、百倍的付出，用实际行动予以报答。

作为走向成熟的我们来说，感恩之心，就是我们每个人生活中不可或缺的阳光雨露，一刻也不能少，感恩也是一种高尚的品质。无论你的地位是尊贵还是卑微；无论你生活在何地何处，或是你正在经历着怎样特别的生活，只要你胸中常常怀着一颗感恩的心，随之而来的，就必然会拥有温暖、自信、坚定、善良等等这些美好的处世品格。也就是在这种自然而然中，你的生活便有了乐趣和光彩，处处充满了令人感动的亮丽风景。

而立箴言

落叶在空中盘旋，谱写着一曲感恩的乐章，那是大树对滋养它的大地的感恩；白云在蔚蓝的天空中飘荡，绘画着那一幅幅感人的画面，那是白云对哺育它的蓝天的感恩。因为感恩才会有这个多彩的世界，因为感恩才会有这么多真挚的情感。因为感恩才让我们懂得了生命的真谛，才让我们明白自己生存在人世间的真正意义。

坚持让你的世界更加精彩

其实成功很容易，它的秘诀就是坚持到底，只要你能做到坚持到底并选对方向，那么不可能的事情也有机会变成可能。可惜的是大多数人都没有这种耐性，事情做了一半就放弃了，所以成功的人永远都是少数。有的时候人生就好比拧罐头，这个人拧一下放弃了，那个人拧一下也放弃了，就这样一个接着一个，最终大家都认为这个罐头是拧不开了，但是如果这个时候你不甘心地再试一次，就完全能开启这份意外的甜蜜，拧出自己的精彩人生。

如果你有时间好好回忆一下，就会发现在自己 30 岁之前的光阴里有过很多次放弃，其中不乏有一些堪称人生重大机遇的事情。每当想到这些事情，你都会后悔自己当年的半途而废。我们经常会听见这种声音："当年我要是坚持下来，准保能成艺术家"。"我真的有些抱怨父母，如果当初他们再坚定一点，我也不会放弃，如果当时我不放弃，那么说不定我现在就成功了"。"我真的恨自己，都努力到那份儿上了，结果到手的成功又让自己白送给别人了"。这样的感慨还有很多很多，这里就不一一列举了。

我们总是惋惜自己当年的放弃，却忽略了坚持到底的重要，直到自己已经长到了 30 岁，才恍然大悟，原来自己因为没有坚持而失去了那么多本应属于自己的东西。但是知道这一切还不算晚，因为我们还年轻，只要珍惜现在的每一天，抓住当前的每一次机会，一切都还来得及。

还记得阿杜的那首《坚持到底》吗？他用他充满磁性的声音唱出了这样一句话："是你让我看透生命这东西，四个字坚持到底……"可见，坚持到底对于生命来说是多么重要。坚持让人生有了一种精神叫"执著"，坚持成就了一种伟大的思想叫做"信念"，坚持让人觉得再多的苦也不是苦，坚持让人们开始正视自己活着的意义，坚持给了相信它的人一个更美好的世界，让他们的生活更加美好、绚烂、精彩。

有这样一个故事：

新生开学，"今天只学一件最容易的事情，每人把胳膊尽量往前甩，然后再尽量往后甩，每天做 300 下。"老师说。

一个月以后有 90% 的人坚持。

又过一个月后有仅剩 80%。

一年以后，老师问："每天还坚持 300 下的请举手！"整个教室里，只有一个人举手，他后来成为了世界上伟大的哲学家，他就是影响了整个世界思想的柏拉图。

成功没有秘诀，贵在坚持不懈。任何伟大的事业，成于坚持不懈，毁于半途而废。其实，世间最容易的事是坚持，最难的，也是坚持。说它容易，是因为只要愿意，人人都能做到；说它难，是因为能真正坚持下来的，终究只是少数人。法国微生物学家巴斯德有句名言"告诉你使我达到目标的奥秘吧，我唯一的力量就是我的坚持精神。"

还有这样一个故事：

塞斯是美国马萨诸塞州斯普林菲尔德市的一名推销员，凭着高超的推销技艺，他叩开无数经销商壁垒森严的大门，被誉为"全球推销大王"。

有一天，塞斯路过一家商场。像往常一样，进门后，他先和售货员一番寒暄。在塞斯看来，通过闲聊，他可以了解到商场的经营状况，人员信息和发展目标，可以有备无患地与商场经理洽谈。售货员告诉塞斯，这家商场地处黄金宝地，顾客络绎不绝。商场开张五十多年来，从未亏损过，塞斯非常兴奋。

见到商场经理路易斯，塞斯说明来意，路易斯一口回绝。他直言不讳地说："如果进了你的货，我们会亏损。"塞斯动用各种技巧试图说服路易斯，任凭磨破嘴皮都无济于事。只好沮丧地离开了。

在路上，塞斯想，路易斯为什么会拒绝？自己的产品是最适合他们的，路易斯没有拒绝的理由。刚才，路易斯态度坚硬，或许是心情不好，或许上门推销的人太多，或许自己的话，路易斯没有听进去。塞斯觉得有必要向路易斯继续推销，在街上溜达了几圈，他重返商场。走进总经理办公室，路易斯满脸堆笑地迎上前，不等塞斯多说，路易斯立刻决定订购一批产品。

"山重水复疑无路，柳暗花明又一村"，喜讯来得太突然了。

塞斯问他，为什么现在同意了呢？

路易斯笑嘻嘻地说，由于商场红红火火，前来推销的人很多，每个人都说得冠冕堂皇。

对待这些推销员，路易斯就一句简单的拒绝之语。路易斯数数桌子上推销员的名片，笑容满面地说："加上你的名片，一共 126 个，这是今年以来，向我推销的人数。"

塞斯也笑了，他再三感谢。路易斯说："在 126 个人当中，只有你被拒绝后，重新回到商场。或许你的坚持感染了我，我断定，你推销的产品肯定物美价廉，畅销对路，不然，你没有继续推销的气魄。"

125 个人放弃，一个人继续坚持。这个比例，或许就是塞斯成功的秘密。著名诗人里尔克曾说过："有何胜利可言，坚持便是一切。"是的，只要坚持便可能拥有一切。人生好比一场拳击比赛，充满了躲闪与出拳，如果足够幸运，只需一次机会、一记重拳而已，但首要的条件是你必须得顽强地站着，迎接对方接连不断的击打，这就是坚持。

国学大师王国维曾说过："古今之成大事业、大学问者，必经过三种之境界：'昨夜西风凋碧树，独上高楼，望尽天涯路'，此第一境界也；'衣带渐宽终不悔，为伊消得人憔悴'，此第二境界也；'众里寻他千百度，蓦然回首，那人却在灯火阑珊处'，此第三境界也。"如果人生好比爬高楼，第一百级台阶是终点，已经爬到第九十九级台阶时，为何不再坚持一会呢？

而立箴言

坚持不懈与充分的自信一样，都是取得成功的必备素质。如果你想与众不同，如果你想取得成功，那么你要拥有的最重要的素质就是你能够比任何其他人坚持得更久的能力。这正如挖井找水，很多人挖了深浅不一的井，没有找到水就放弃了，只有一人坚持往下挖，挖得比别人都深，最后终于收获了甘泉。由此可见，只要坚持才能见到效果，只有坚持才能走向成功。

积极争取，为自己创造幸福

有人说机遇不是等来的，而是自己积极争取来的，作为一个30岁的男人，如果做事不积极进取，那么只能在这个充满竞争的时代分得一碗残羹冷炙。面对新时代的风云变幻，我们每个人都应该对自己有更高的要求，努力地拥抱这个社会，努力地营造更好的生活，尽管这话有些老调重弹，但这绝对是不争的事实。

在动物界有这样一件有意思的事情：在美丽的非洲大草原上，生活着羚羊和狮子。羚羊每天一早醒来，就在思考，如何跑得更快一些，才能不被狮子吃掉；同样，狮子每天一早醒来，也在思考如何能比跑得最慢的羚羊更快一些，才不会饿死。

昨天不等于今天，过去不等于未来。生活在美丽的非洲草原的羚羊和狮子，两者相比之下，弱者羚羊，为了生存别无选择。只有面对现实，勇于挑战、用心挑战，才能超越自我、战胜对手、不断进步，才能在美丽的非洲大草原上天长地久地生活着。

这个世界是现实的，也是充满竞争的，如果你不能积极进取地跑在前面，那么你就只能被后面的对手追上，就算你不在乎多少人会追上你的脚步，就算你不看重他们会不会远远把你甩在身后，但最起码你应该正视自己在这个世界上的价值，自己生活的真正意义。

这个世界上，没有天上掉馅饼的事情，一个不思进取的人是不会成功的，也是必将被时代淘汰的。在这里不想说太多的大道理，30 岁的男人成熟了，什么都明白，关键要看你会怎么对待自己的人生，怎样对待自己的未来。其实，如果你现在可以改变自己，让积极进取的心态得到最大程度的激发，那么你就一定能够创造属于自己的那份幸福。

闻名世界的科学家牛顿，一生诲人不倦。有一次，他安排给助手一个问题，需要在很短的时间里解决。过了很长一段时间后，牛顿向助手要答案，助手一脸茫然地说道："对不起，牛顿先生，这问题对我来说太难了，根本无法解决。"牛顿感到非常生气，他想：事情已经交给你很长时间了，即使问题再难也应该找到办法解决了。助手解释道："我想，除了你没人能解决这个问题。"牛顿更生气了："你根本就没有去找人，也没有去想办法，你又怎么知道没人能够解决呢？我告诉你，这个问题除了你，其他所有人都能够解决。"最后，牛顿对他的助手说："你这是没有积极进取的意识，怎么能一遇到问题就偃旗息鼓呢？你应该充分发挥你的才能，直到将问题解决为止。"

如何做人是成败的重要因素，它与心态有很大关联，凡是在这点上过不了关的人，一定不会生活得很顺畅，这是硬道理。甚至可以说，做人的心态，既影响人的一生，也决定人的一生。很多人明白这点，但行动起来，却非常困难，以至半途而废，结果让人生的可能变为不可能。我们很多人，在工作中一遇到麻烦就举白旗投降，这确实是缺乏进取意识的表现。其实，一个人的潜力是无限的，只要你愿意发挥，积极进取。培养积极的心态，可以使生活按照自己的想法发展，没有积极心态就很难成就大事。记住：我们的心态是我们唯一能完全掌握的东西。

1947 年，美国贝尔实验室发明了晶体管，可当时美国国内科技及企业人士普遍认为要到 70 年代晶体管才能真正大有用途。索尼公司总裁盛田昭夫从报上得知消息后，立即飞往美国以低价买回晶体管的生产许可权，两年后索尼公司推出第一台便携式晶体管收音机，重量是电子管收音机的 1/5，价格却是其原来的 2/3，仅 3 年时间便占领全美收音机市场，5 年占领全世界市场。

1962 年英美同时宣布发明了计算器，但很多企业人士并未引起重视，日本公司再次捷足先登，引进样机，很快便推向全世界。大规模集成电路问世后，计算器又有了质的飞跃，后来日产计算器占了世界市场的 80%。

可以说日本是积极接触世界的典型，很多技术都是由日本传播到全世界。当你不积极的时候，你的敏感性就会毫无用处，你不但丧失了成功的机会，反过来却成就了别人的成功。可以说这个世界不缺乏伟大的敏感者，不缺乏伟大的思想者，缺乏的是伟大的行动者。而伟大的行动者就是那些具有积极心态的人，他们是真正的实践家，而不仅仅是任劳任怨的勤奋者。

做人的基本原则是对自己负责，也对别人负责，不轻言失败，因为世上的难事不可尽数，你的困难也是别人的困难，战胜困难是唯一的选择，这就需要你拥有一个积极的心态。天下失败者都可归为一种：自己放弃自己，自己毁掉自己。在今天这个竞争异常激烈的社会，没有做人的积极心态，要谈立足几乎是天方夜谭，如果让消极的心态纠缠自己，只能让自己站在阴影中。改变自己一生的法则，往往不在于能力大小、环境好坏、机遇多少，而在于你以什么样的心态做人、做事，找准自己的强项与弱点，扬长避短，善待自己，就会找到自己脚下的出路。

亚伯拉罕·林肯曾经说过："我一直认为，如果一个人决心获得某种幸福，那么他就能得到这种幸福。"作为一个已经30岁的男人，每天都在为自己的未来期待着，努力着，说是为了理想也好，说是为了在现实中拥有更美好的生活也罢，积极的心态是绝对不能少的。当你拿着手中的画笔积极地去描绘你未来的人生，当你已经着手去构建你梦想的高楼，好的开始就这样悄悄地拉开了序幕，去努力吧，相信你一定是那个笑到最后的人。

而立箴言

对于那些有积极心态的人来说，每一种逆境都含有等量或更大利益的种子。有时，那些似乎是逆境的东西，其实是隐藏的良机。不要让你的心态使你成为一个失败者。成功是由那些抱有积极心态的人所取得的，并也由那些以积极的心态努力不懈的人所长久保持着。

宽容，人生不可缺少的元素

二十几岁的时候我们常常不允许别人侵犯自己，我们像一个"愤青"一样批判着社会里的不公平，批判着自己看不惯的人。每当别人误会了自己，你总是要不停地为自己辩解，甚至有的时候还会恼羞成怒。不知道什么时候，当"奔三"的脚步慢慢靠近，你心中的那些不满随着繁忙的工作在慢慢地消散着。面对别人的那些过激的话语，你嫣然一笑，因为你已经慢慢明白这个世界上有一种无私的伟大叫做宽容。

动不动就发火，像一挺机关枪一样发脾气发个没完，早已经不属于一个 30 岁的男人应该干的事情。也许你的一些决策有的时候仍旧会遭到别人的误解，也许你身边的同事或属下会当着你的面犯下一些本来可以避免的小错误，也许有些时候有些人会因为你过于能干而在心中产生了嫉妒。但有句话说得好："大肚能容，容天下难容之事。"作为一个 30 岁的男人，绝对不能做一个小肚鸡肠的人，理解别人的误会，宽容别人的过错，面对那些无中生有的诽谤和指责一笑了之，才是作为一个男人最高级别的风度，才能彰显你最高尚的品行和特质。

学会宽容，可以使人心胸开朗。当被人误解时或误解了别人时，宽容会让时间来抚平一切。宽容是大度，能容下人世间的酸甜苦辣，化解所有的恩怨是非，"山重水复疑无路"时，学会宽容便"柳暗花明又一村"。宽容一切，才能蕴育一切，蕴育一切，才能征服一切。海之所以博大深沉，是因为海具有宽大的品格。而宽容正是那片一望无际的大海。

麦德卢是17世纪中叶意大利的著名画家，他年轻时有相当长一段时间，都只是在威尼斯的一家画廊里做仿造世界名画的画师。

麦德卢虽然从小爱好作画，但是他努力了很久都没有取得什么进步，渐渐地也就失去了在艺术道路上继续走下去的耐心和勇气，于是他做起了仿造甚至是假冒各种世界名画的行当。相对来说，仿造显然来得更轻松一些。尽管，那可能随时会被各地的著名画家告上法庭。

一天，麦德卢正在自己的画廊里仿造一幅名叫《提水的妇女》的世界名画，这幅画是西班牙画家迭戈·委拉兹开斯在3年前画的。麦德卢觉得应该趁早仿造，只有这样，他才能得到更多收入。麦德卢对着印刷品仔细地画着，这时，从门外进来一位外国游客，站在麦德卢的身后静静地看着他作画。威尼斯是一座美丽的城市，有许多国外商人或游客会来这里，时常会有游客从街上走进来观看他画画，麦德卢对此早已司空见惯。

"您需要买一幅画吗？"麦德卢问他。

"不！如果可以的话，我希望能够看着你作画。"那位外国游客说道。

当麦德卢把画中那位提水的妇女画出来以后，外国游客带着一丝失望的神色说："那一桶水是很重的，妇女的身体应该要更倾斜一些才对！如果想卖出更高的价钱，你必须要撕掉重新画！"麦德卢觉得那位外国游客说得有些道理，于是就撕了那张画纸重新画了起来。这一次，他把画中那位妇女的身体画弯了一些，但那外国游客似乎依旧觉得不满意，皱着眉头说："这位妇女站的房子里的光线较暗，水的颜色应该更深一些才对！为了能卖更好的价钱，你必须要重新画！"麦德卢惊叹于这位外国游客观察和欣赏的能力，于是又决定重新画。三个小时后，麦德卢完全按照这位外国游客的提议把这幅世界名画仿造了出来，简直达到了可以乱真的效果。

"非常感谢你的意见，现在看起来这画果然很不错，它一定可以卖到一个好价钱。"麦德卢说。

"是的，我也非常开心！这样既不会太糟蹋我的声誉又能为你带来很高的收益。"那位外国游客说。

"你的声誉？"麦德卢不解地说，"很冒昧，但我不得不问一声，您是？"

"迭戈·委拉兹开斯。"那位外国游客说。

麦德卢万万没有想到眼前这位对画画异常挑剔的游客竟然是迭戈·委拉兹开斯本人，让他更意想不到的是迭戈·委拉兹开斯在说完后就要转身离开画廊，麦德卢有些诧异地问："你不打算到法院投诉我吗？"迭戈·委拉兹开斯笑笑说："生活是艺术的土壤，虽然你只是在仿造艺术，但我依旧不希望因为艺术而威胁到你的生活。"

迭戈对艺术的严谨入微和对他人的宽容大度让麦德卢羞愧不已。此后，他再也不仿造别人的画作，而把更多的精力用在了真正的艺术创作上，最终成为意大利一位有名的画家。

"是迭戈的宽容挽救了我！如果他选择让我受到法律的制裁，那我在艺术上就永远不会有什么成就。"多年后，麦德卢在自传里写下了这样一段话。

宽容是修养、是品德、是内涵，也是一种心态，更是一种生存的智慧、生活的艺术，是看透了社会人生以后所获得的那份从容和自然。

在宽容面前，即使你怀抱着真理也不要去争吵和计较，因为有朝一日你也很可能会犯同样的错误；在宽容面前，一切的赌气和嫉妒都是不好的习惯与性格，因为如果你不能善待别人的缺点和毛病，你就将会产生使人难以亲近和忍受的糟糕脾气；在宽容面前，过激是一种最廉价的表现，除非你不打算再与对方交往，否则还是要学学宽容，学学善待别人，因为任何人身上都不可能没有你看着不顺眼的缺点和惹你不快的坏毛病。

宽容是一种境界，是一种深度与修养的体现。有多大的胸怀，就有多高的境界，有多高的境界，就能干多大的事业，大凡成功者多是能容人者，因为能宽容就能合谋共事，发展壮大。能宽容就能人缘良好，人心所向。

学会宽容，多一点宽容，你的人生将多一份成功的自信和资本；学会宽容，多一点宽容，你的生命将多一点空间和机遇；学会宽容，多一点宽容，你将赢得自己，赢得他人，赢得整个人生。

而立箴言

有人说宽容别人就是宽容自己，有人说宽容是人生的一种至高境界。但不管怎样，作为一个 30 岁的男人，一定要有一个宽阔的胸怀，容纳错误，容纳失败，容纳那些不该出现的流言和误会，不管别人对你走的路有怎样的非议，尝试着对他们微笑吧，只要你知道要继续走下去的路是正确的。

给予就是人生最大的快乐

我们总是在想着自己能在这个世界上得到什么，却很少思考过应该怎样去付出和给予。这也许是很多人的一种不好的思维习惯。作为一个 30 岁的男人，除了期盼回报以外，不要忘了自己对于这个社会的责任。这个社会需要更多人的给予，你的家人、朋友都在等待着你真心的给予，它是一种真诚，也是一种做人的境界，只有进入到这种光荣境界的人，才能称得上是一个十足的好男人。

有本书里有一个这样的故事：

一个女工和一个男工在高空作业，突然，支撑他们的升降机铰链断了。两个人几乎同时抓住了身边的那根竹竿，可是，一根竹竿怎么可以承受住两个人的重量呢？女工说：我家里还有两个年幼的孩子，我死了，他们怎么办啊！男工听完，想都没有想，对女工轻轻地说：照顾好你的孩子吧！说完便松开了自己的双手……

看了这个故事，你一定会被故事里的那个男人所深深打动。在最关键的时刻，他用他的爱心给予了那个女工生命，却牺牲了自己。这是一种高尚的品德，值得每一个人尊敬。作为一个30的男人，我们应该从这个故事中学到什么呢？当然我们没有必要学着男工的样子时刻准备付出自己的生命，但至少我们应该学会用自己有限的能力去给予，去帮助那些需要帮助的人，不管他是你的亲人、朋友、同事，还是一个未曾相识的陌生人。

赠人玫瑰，手留余香，这句话我们常说。给予是从心灵上奉献出的虔诚的花朵，更是一种无限的快乐。一个懂得给予就是快乐的人是幸福的，他的灵魂是纯洁而高贵的，他的心灵是滋润而善良的，他会在这种真心而无私的给予中，得到别人的尊重和敬仰，实现着自己的价值，感受着"给予别人，快乐自己"的乐趣。

韩国北部的乡村公路边有很多柿子园。金秋时节，这里随处可见农民采摘柿子的忙碌身影，但是，采摘结束后，有些熟透的柿子也不会被摘下来。这些留在树上的柿子，成为一道特有的风景，一些游人经过这里时，都会说，这些柿子又大又红，不摘岂不可惜。但是当地的果农则说，不管柿子长得多么诱人，也不会摘下来，因为这是留给鸟儿的食物。

是什么使得这里的人留有这样一种习惯呢？原来，这里是一个鸟儿的栖息地，每到冬天，很多鸟儿都会在果树上筑巢过冬。有一年冬天，天特别冷，下了很大的雪，几百只找不到食物的鸟儿一夜之间都被冻死了。第二年春天，柿子树重新吐绿发芽，开花结果了。

但就在这时，一种不知名的毛虫突然泛滥成灾。那年柿子几乎绝产。从那以后，每年秋天收获柿子时，人们都会留下一些柿子，作为鸟儿过冬的食物。留在树上的柿子吸引了许多小鸟到这里度过冬天，而这些小鸟仿佛也会感恩，春天也不飞走，整天忙着捕捉树上的虫子，从而保证了这一年柿子的丰收。

在收获的季节里，别忘了在自己的树上留一些柿子，因为，给别人留有余地，往往就是给自己留下了生机与希望。自然界里的一切，都是相互依存的，一荣俱荣，一损俱损。给予，是一种快乐。因为给予并不是完全失去，而是一种更高层次的收获。给予，是一种幸福，因为给予能使你的心灵美好。

让别人喜欢你的办法之一就是给予，把自己的爱心无私地奉献给别人，别人也会在你最困难的时候给予你帮助。在给予与被给予的过程中，你就会发现给予的魅力，它会使你永远生活在快乐的海洋中。所以我们要停止自私，重塑性格，无私奉献，快乐才会敲开你的门。

任何给予都必须是主动的心理状态。在公共汽车上，你给老幼病残孕让座，是你主动发出恻隐之心，关心他人，然后才产生了给予的行为。越能主动帮助别人，就越能建立良好的人际关系。主动地给予，能表示一个人的热心，它能化解人与人之间的寂寞与隔阂，和谐的氛围就会温暖众人的心，社会就会处处充满善意。

有人说："给予，是快乐。"给予实际上是最大的一种勇气，也是一种策略，更是一种自我实现的方法。快乐，从学会给予开始。给予的过程也就是得到的过程，往往给予越多，获得也就越多。一味的索取只会使欲望无限膨胀和升级，只有给予是生活快乐的源泉，所以要学会善待自己生命中遇到的人、事、物，不吝真心地给予，这样，生活就会变得丰富多彩，幸福自会向你飞来。

而立箴言

给予，是黑暗中的一盏明灯，给人带来光明；给予，是冬日里的一把火，给人带来温暖；给予，是沙漠中的一股甘泉，给人久旱后的滋润。给予往往给人以希望，给予也是一种快乐，一种幸福。如果说读书的价值在于求知，那么，生命的价值就在于给予。当你用真诚给予别人的时候，你一定会收获更多，你的爱心，你的真诚将得到一种最大限度的释放。用你的心去给予吧！这不仅仅是别人的一种需要，也是自己的一种需要。

用空杯的心态，成就自己谦卑的品格

二十几岁的时候以为自己长大了，什么都懂，什么都明白，所以不知从什么时候就开始了自以为是的生活，老人的话听不进去，上司的教诲只当是耳旁风，就连面对朋友的劝告也是一脸的不耐烦。栽了跟头，吃了亏以后才明白自己什么都不是，还有很多的事情不明白。现在30岁了，开始慢慢谦卑起来，因为你知道只有先倒掉自己杯子里的水，才能得到更多更新更有用的东西。

古时候有一个佛学造诣很深的人，听说某个寺庙里有位德高望重的老禅师，便去拜访。老禅师的徒弟接待他时，他态度傲慢，心想：我是佛学造诣很深的人，你算老几？后来老禅师十分恭敬地接待了他，并为他沏茶。可在倒水时，明明杯子已经满了，老禅师还不停地倒。他不解地问："大师，为什么杯子已经满了，还要往里倒？"大师说："是啊，既然已满了，干吗还要倒呢？"

禅师的意思是，既然你已经很有学问了，干吗还要到我这里求教？这就是"空杯心态"的故事。它最直接的含义就是一个装满水的杯子很难接纳新东西，要将心里的"杯子"倒空，将自己所重视、在乎的很多东西，以及曾经辉煌的过去，从心态上彻底了结清空，只有将心"倒空"了，才有胸怀接受新的东西，才能拥有更大的成功。这是每一个想在职场发展的人所必须拥有的最重要的心态。

30岁的年纪，说大不大，说小也不小，经过了几年社会的磨砺，也许因为自大犯过不少错误，当自己跌跌撞撞地走到了现在，无论是已经成功，还是仍然在为成功而努力，多少都会在心中有些感慨。曾经的我们觉得自己什么都明白，但真的去做事的时候却发现自己什么都不明白，正当我们双手空空地抱怨难道这就是人生的时候，突然明白了一件事情，那就是我们没有把自己思想里的那杯水倒干净，正是因为这个原因，新兴的知识和正确的意识总是倒不进自己的"杯子"，也就不能形成正确的思想和经验保存在我们的心里。

爱迪生是人类历史上最伟大的发明家之一。他仅受过3个月的正式教育，一生却取得了1000多项专利。毫无疑问，爱迪生的成就是有目共睹的。然而，如此伟大的爱迪生，也曾在他的生命旅途中出现过"败走麦城"的一刻，这是为什么呢？

在白炽灯彻底获得市场认可后，爱迪生的电气公司开始建立电力网，输送直流电，由此开启了人类史上的电力时代。

当时，交流电技术开始崭露头角。发展交流电技术的威斯汀豪斯公司，想通过这项技术与爱迪生合作，受限于自大的心态和自己在直流电方面的投资利益，爱迪生不愿意承认交流电的价值。

威斯汀豪斯公司的提议，被爱迪生拒绝。为了固守住自己在直流电方面取得的成就，爱迪生固执地站在交流电的对立面，以自己的影响力宣讲"交流电不如直流电"。自谋出路的威斯汀豪斯公司一度被爱迪生电气公司压得抬不起头。然而，谁也无法逆转社会的发展规律，交流电这个新生事物终以锐不可当之势浮出水面，赢得了世人的认可。在铁的事实面前，那些曾经崇拜、迷信爱迪生的人们惊讶地发现：爱迪生做错了！交流电的确比直流电好得多。

爱迪生电气公司的员工和股东们以此为鉴，他们一致决定将公司名字中的"爱迪生"三个字去掉。在后来的发展中，这家电气公司逐渐演变为今天的国际顶级企业之一的通用电气公司。

爱迪生辉煌了大半生，却在直流电和交流电这个问题上栽了个大跟头。他扼杀新生的交流电，成为他一生抹不去的一个污点。爱迪生之所以会犯下这样一个错误，与他不能让自己保持"空杯心态"密切相关。由此可见，干工作不能有一点成就就沾沾自喜，因为今天的成就不能代表明天，明天也不能代表后天。我们每天工作时都应该重新停留在新的起点上，因为起点才能让我们更渴望到达终点，才能让我们满怀信心，从零开始，把一切成就都抛到脑后，取得更多的辉煌。

当我们拥有一个"空杯子"的时候，心态会是什么样的呢？也许我们感到事态的不公，成功的道路是那样遥远，起步是那样艰难，每走一步都可能有摔跟头的可能，慢慢地，我们积累了一些知识，而杯中的"水"也慢慢变多，从无到有；从差之千里，到今天这个辉煌的业绩；从一个见底的"杯子"，到最后成为一个满杯子。

林语堂大师曾经说过这样一句话："人生在世，幼时认为什么都不懂，大学时以为什么都懂，毕业后才知道什么都不懂，中年又以为什么都懂，到晚年才觉悟一切都不懂。"空杯心态就是随时对自己拥有的知识和能力进行重整，就是永远不自满，永远在学习，永远保持身心的活力。拥有空杯心态的人就像一个攀登者，攀越的过程，最让人沉醉。因为这个过程，充满了新奇和挑战，下一座山峰，才是最有魅力的。正是这种空杯心态，让很多职场人的职业生涯渐入佳境。

而立箴言

这个世界上有很多东西值得学习，孔子说："三人行，必有我师焉。"即便你很有才华，在自己工作的领域也有很高的造诣，也要明白天外有天，人外有人的道理。要想不被这个时代淘汰，要想得到更多的知识，就不要总是顽固地坚守着自己"杯子里的水"而不愿意倒出来，总是抬着自己那孤傲自满的头，对别人的言辞表示轻视。这个世界上最聪明的人，往往都是那些虚心求教的人，只有"倒空"自己，才能将新的知识容纳进来，只有把自己"杯中的水"倒出来，才能给新的知识留出一个存放的位置。

第三章
而立之年，摆正你的做人原则

　　每个人都有自己的做人的原则，这一点对步入 30 岁的男人来说尤为重要。当而立之年到来的时候，更多的诱惑、纷扰、彷徨会在不知不觉中侵袭你的思想。不管是在为人处世上，还是在面对问题时，如果没有把握好做人的分寸和原则，就很容易犯下不可挽回的错误。老人们常说："一步错，步步错。"古语说："君子有所为，有所不为。"说的都是同样的道理。在世界上生存必须讲求规则，而想生活得幸福顺利，就要把握好做人的原则。只有遵守规则不失原则，才能在这个充满各种不可预知的时代里，生活得更加顺利，更加幸福，更加快乐。

不要随便指责他人

在生活中少不了要跟人打交道，对一些事情产生分歧和矛盾是很正常的事情。这时候作为一个明智的男人，绝对不要随便指责任何人。尽管你已经知道事情的整个过程，尽管你坚信自己的判断是正确的，也要展现出自己成熟的风度。这是作为一个30岁男人必须遵守的做人原则，因为那个动不动就翻脸的年代已经不再属于你了。

二十几岁的时候，我们会因为与对方发生争执而相互指责，你认为你是对的，他认为他是对的。就这样，两个人互不让步，甚至恶语相加，既影响到了彼此的心情，也给彼此的自尊心带来伤害。到了30岁，我们的心境平稳了很多，不管发生了什么事情，都要记得自己是为了更好地解决问题而来的。就算与对方发生了分歧甚至争执，也一定要学会以礼待人，做一个明智而文雅的男人。这不但代表着你已经步入成熟，也向对方展现了你理智的一面，这样的行为对于一个30岁的男人来说绝对是非常重要的。

人的本性就是这样，无论他做得有多么不对，他都宁愿自责而不希望别人去指责他。别人是这样，我们也是这样。在你想要指责别人的时候，你得记住，指责就像放出的信鸽一样，它总要飞回来的。要记住，指责不仅会使你得罪了对方，而且也使得他一定会反过来指责你。即使是对下属的失职，指责也是徒劳无益的。如果你只是想要发泄自己的不满，那么你得想想，这种不满不仅不会为对方所接受，而且还会为你树立一个敌人；如果你是为了纠正对方的错误，那为什么不去诚恳地帮助他分析原因呢？

手段应当为目的服务，只有怀有不良的动机，才会采用不良的手段。许多成功者的秘密就在于他们很少指责别人，从不说别人的坏话。面对可以指责的事情，你完全可以这样说："发生这种情况真遗憾，不过我相信你肯定不是故意这么做的，不过为了防止今后再有此类事情发生，我们最好分析一下原因……"这种真心诚意的帮助，远比指责的作用明显而有效。

另外，对于他人明显的谬误，你最好不要直接纠正，否则会好像你故意要显得高明，因而伤了别人的自尊心。在生活中一定要牢记，如果是非原则之争，要多给对方以取胜的机会，这样不仅可以避免树敌，而且也许已使对方的某种"报复"得到了满足，于己也没有什么损失。口头上的牺牲有什么要紧，何必为此结怨伤人？对于原则性的错误，你也得尽量含蓄地进行示意。既然你原意是为了让对方接受你的意见，何必用伤人的举动来凸显自己。

如果你能确定，在你一整天55%的时间是对的，你离成功已经不远了。如果你不能确定，你一天中55%的时间是对的，你凭什么要指摘人家的错误呢？

你可以用神态、声调或是手势，告诉一个人他错了，这样就像我们用话一样的有效……而如果你告诉他错了，你以为他会感激你吗？不，永远不会！因为你对他的智力、判断、自信、自尊，都直接地给予强有力的打击，他不但不会改变自己的意志，而且还想对你进行反击。如果你运用柏拉图、康德的逻辑来跟他理论，他还是不会改变自己的意志的，因为你已伤了他的自尊。这时候你千万别说："你不承认自己有错，我证明来给你看。"你这话，等于是说："我比你聪明，我要用事实来纠正你的错误。"那是一种挑战，会引起对方的反感，不需要等你再开口，他就已经准备接受你的挑战了。即使你用了最温和的措辞，要改变别人的意志，也是极不容易的，何况处于那种极不自然的情况下。

假如由于你的过失而伤害了别人，你得及时向人道歉，这样的举动可以化敌为友，彻底消除对方的敌意。说不定你们今后会相处得更好。既然得罪了别人，当时你自己一定得到了某种发泄，与其等待别人的"回泄"——不知何时飞出一支暗箭，远不如主动上前致意，以便尽释前嫌，演绎流传千古的"将相和"。

为了避免树敌，还有一点需要特别注意，这就是与人争吵时不要非得争上风不可。请相信这一点，争吵中没有胜利者。即使你口头胜利，但与此同时，你又树立了一个对你心怀怨恨的敌人。争吵总有一定原因，总为一定的目的。如果你真想使问题得到解决，就决不要采用争吵的方式。争吵除了会使人结怨树敌，在公众前破坏自己温文尔雅的形象外，没有丝毫的作用。如果只是因为日常生活中观点不同而引发争论，就更应避免争个高低。如果你一面公开提出自己的主张，一面又对所有不同的意见进行抨击，那可是太不明智了，这样会致使自己被孤立并成为众人的仇恨对象。如果你经常如此，那么你的意见再也不会引起别人的注意。你不在场时别人会比你在场时更高兴。你知道得这么多，谁也不能反驳你，人们也就不再反驳你，从此再没有人跟你辩论，而你所懂得的东西也就不过如此，再难以从与人交往中得到丝毫的补充。因为辩论而伤害别人的自尊心、结怨于人，既不利己，还有碍于人而使自己树敌，这实在不是聪明的做法。

"多个朋友多条路,多个敌人多堵墙",生活中你要注意尽量避免树敌,更不要做因指责别人而得罪人的蠢事。作为一个30岁的男人你已经成熟了,为了自己今后的路能够走得更加顺畅,还是要在尊重他人的角度上思考问题,指责的话还是少说为妙。

而立箴言

指责是一种最不明智的行为,我们没有必要在这个时候指出对方的错误,显示自己的聪明。从古至今指责别人的人往往都没有得到好的结果。与其让彼此都不快乐,为什么不采取另外一种处世策略呢?有位圣人这样说过:"赶快赞同你的反对者。"如果你要获得人们对你的赞同,那你一定要记住这句话:"尊重别人的意见,永远别随意指责对方是错的。"

糊涂,一门必不可少的处世哲学

在当今越来越复杂的社会里,要想更好地生存和发展,首先必须学会做人做事之道。成功的机会对每一个人来说是均等的,你不可能从这上面寻找差距,唯一能胜过别人的就是你高人一等的做人做事的方式。如果你不懂得做人的糊涂之法,那么你必将四处碰壁。这不仅影响你和谐的人际关系,还会影响你自身事业的发展,如果你想避免这些本不该有的麻烦和挫折，那就从现在起好好学学糊涂做人的处世哲学吧。

看看社会上那些二十岁上下的年轻人，一个比一个精明，一个比一个爱较真，生怕什么地方犯糊涂吃了亏。《红楼梦》里说王熙凤"机关算尽太聪明，反误了卿卿性命"，这就是在告诉我们不要学王熙凤式的精明，世事复杂，我们不可能把每件事都弄得清清楚楚，这样做只会给你带来无尽烦恼，影响你的生活，所以做人还是糊涂点儿为好。

生活中有些人对事情总是100%地认真，从不含糊，但这类人通常得不到周围人的欢迎。为什么呢？因为他们不懂得适当糊涂的重要意义。其实，作为一个30岁已经成熟的男人，适当的糊涂是一种表现自己良好修养的行为。

一个人在台上发言，将"莘莘学子"说成了"Xīn Xīn 学子"，台下立即有人站起来指出，弄得台上的人十分尴尬。乍一看，台下的人似乎很正直，做事认真，值得称赞，实际不然。众目睽睽之下指出别人的错误，势必会使人难堪。这样做的人事先肯定没考虑过这一点，更重要的是，这样做表明了他是一个不懂得宽容别人的人。"金无足赤，人无完人"，每个人都会有出错的时候，不能包容别人的人，肯定是个修养较差的人。一个不懂得包容别人的人是很难受人尊重的。而要包容别人，就得学会适当的糊涂，当你装糊涂包容别人的时候，周围人并不糊涂，他们会理解你。这样，你的修养就得到了体现，人们会因之而敬重你。

记得几年前热播的电视剧《宰相刘罗锅》，主角刘墉与岳丈八王爷在剧中反差极大，刘墉在剧中做事做人认真非常，却成了众矢之的，屡屡被贬，又屡屡被召回，一生跌宕起伏闹了个伤痕遍体。八王爷却与他不同，每遇朝中两派相争，皇上难于取舍，为难时，想在其八叔处讨个说法，八王爷只有一句："皇上圣明！"闹得个皇帝老爷哭笑不得。八王爷一生只凭这四个字，纵横宦海几十年未吃过苦头，落个善终。

适当的糊涂在体现你的良好修养，为你赢得尊重的同时，也充当了你良好人际关系的润滑剂。生活中有些事有弄清楚的必要，但有些事情弄得太清楚，就反而有害了。关系再亲密的人，也需要保持一定的距离才能维持这种亲密，这就是所谓的"距离产生美"。

《圣经》里有这样一句话："你自己眼中有梁木，怎能对你弟兄说'容我去掉你眼中的刺'呢？"先去掉自己眼中的梁木，然后才能看得清楚。一些人之所以不幸，就是因为他们太过认真，也太过敏感了，对待生活有时几近一种病态的苛刻。而这种苛刻在很多时候是不讲理或不正确的。

糊涂，人生的大学问也。怎样艺术地、高明地糊涂，学问深也。清代郑板桥为排遣自己一时的不得志，便得出"难得糊涂"的结论，并进一步指出，"聪明难，糊涂难，由聪明而转入糊涂更难"。

世人都愿当智者，不愿做糊涂虫，更不会心甘情愿地由聪明而转入糊涂。事实上，聪明有丰富的内涵和不同的层次。而糊涂呢，也有丰富的内涵和不同的层次。认真地作些研究，就可以发现聪明有初级的聪明和高级的聪明之分，糊涂有低级的糊涂与高级的糊涂之别。

所谓顶级的聪明就是糊涂透顶的聪明，老子称之为"大智若愚"，即真人不露相。所谓初级的聪明就是表面化的聪明，荀子谓之"蔽于一曲而暗于大理"，即"浮精"。

顶级的糊涂孟子称之为"引而不发"，即心中有数。所谓低级的糊涂，就是从里到外的糊涂，俗称"木头脑袋"、"不开窍"，即压根儿的糊涂。

清人郑板桥那句名言"难得糊涂"，好多人把它挂于厅堂，置于案头，压在玻璃板下，书在折纸扇上，以便时时处处提醒勉励自己，好做个糊涂人。人们如此不遗余力地让这句话随时触目可及，除了表示对它的钟爱之外，还说明人真的要做到糊涂并非易事。在这里，特别要引为警戒的是，从来就没有聪明过的人，千万不要侈谈糊涂，更不要去追求糊涂。正如常言所说：亡国之臣不敢言智，败军之将不敢言勇。没有达到真聪明，还未摆脱低级糊涂的人，贸然地去仿效"聪明的糊涂"，那就真要糊涂到底，一塌糊涂了。

而立箴言

小时候我们都认为自己很聪明，总是想在人前显示自己的聪明，但当我们长大了一些，却发现那些真正聪明的人都是很深沉的，于是我们也学着他们的样子装深沉。当我们走进了人生的第30个年头，以一个成熟男人的眼光去理解什么叫做明智的时候，才发现原来糊涂对一个人是如此重要。它是一门必不可少的处世哲学，值得我们用一生去品味和学习。

这个世界,"忍"者无敌

你有没有考虑过这样一个问题,这个世界上什么样的行为才是最伟大的,怎样做才能让自己尽量一帆风顺?在回答这个问题之前还是让我们好好审视一下"忍"字里面的道理,常言说得好:"忍字心上一把刀。"要想承载这把"刀"的分量,我们必须拿出相当多的耐力;这是一种挑战,也是一种坚持,在这个充满竞争和压力的时代,是忍耐成就了世界,只有真正的"忍"者才是如今的真正主宰。

二十几岁的时候,你也许经常会犯这样的错误,看到自己看不惯的事情就会毫不掩饰地表现出来,听到自己不爱听的话,就会想着去反击对方。我们像一个"愤青"一样大肆地宣扬着自己的不满,根本就不会顾及之后会产生什么样的后果。那个时候长者们常常会了然一笑,说我们年轻,还是个什么都不明白的孩子。

现在,我们已经在这个世界上奔波了30年,成了一个成熟的男人,回想过去也许你会对自己曾经的行为感到有些不好意思。因为成长了不少,面对现在的挑战、争端和问题,你也许已经开始试着更加沉着冷静地去寻求解决方案。但有的时候还是会控制不住自己的情绪,尤其是在感觉自己受到侵犯的时候。所以,作为一个30岁的男人,我们必须学会忍耐,因为只有忍耐才能为我们换来太平,换来转机,为我们赢得更多的赞美和钦佩。

《菜根谭》中说道："处世让一步为高，退步是进步的账本，待人宽一分是福，是利人利己的根基。"话虽这么说，可要忍让却实在是不易！君不见一个"忍"字，竟是"心"字头上一把刀，把刀搁在心头上，你能不痛？"人有脸，树有皮"，即是说，人们出于自尊的需要，见到不公平的事，尤其是遇到欺负到自己头上的事，要咽下这口气，并以笑脸相迎，实在太难了，我们不妨看一看忍让究竟难在哪里呢？

首先，要忍让就必须能吃亏并甘于吃亏，"吃亏是福"这句俗语人人皆知，但却是常人难以理解，难于认同，更难于做到的。在人的天性之中，大多有自私的成分在其中，而正是这种自私的心理，决定了一般人都不肯吃亏，更难承认吃亏是福的道理。你可以让一个人做到大智若愚，深藏不露，以至宽容为怀，但若让他事事让着别人几分，吃哑巴亏，他很可能断然不会同意。只要稍微留意一下世间芸芸众生，有多少人为了自身的利益，为了不吃亏，少吃亏，或者为了多占别人一点便宜，而演出了一幕幕你争我夺的人间悲剧。"人为财死，鸟为食亡"，这句俗语真是入木三分地道出了一部分人不愿吃亏的心理。

其次，要忍让就必须抱定不争于市、不争于世的态度，大事化小，小事化了。必须有坚定的意念，必须具有如行云流水般淡泊的胸怀，不会因无关痛痒的小事而斤斤计较，而是处处为别人着想，体谅别人，见利让利，见名让名，与世无争，这可是一个磨炼心性、提高道德修养的艰苦过程，困难确实是不小的。

富兰克林说："如果你一味辩论、争抢、反对，你或许有时获胜，但胜利是空洞的，因为你不能得到对方的好感。"苏霍姆林斯基说得更绝："有时宽容引起的道德震动比惩罚更强烈。"一个学会了忍让和宽容的人，他的爱心往往多于怨恨，他将变得越来越乐观豁达而不是日趋悲哀消沉，对待别人的不足，他就会用爱心劝慰，动之以情，晓之以理，使听者因感动而遵从；一个学会了忍让和宽容的人，他必有一种智者的情怀，更有一种仁者的境界，严于律己，宽以待人，与人为善，大肚必能容天下难容之事；一个学会了忍让和宽容的人，他必然善于沟通和理解，善于体谅和包容，善于谦让和让步，生活和工作理所当然洒脱自如。

秦朝末年，张良在博浪沙谋杀秦始皇没有达到自己的目的，便逃到下邳隐居。一天，他在镇东石桥上遇到一位白发苍苍、胡须长长、手持拐杖、身穿褐色衣服的老人。老人的鞋子掉到了桥下，便叫张良去帮他捡鞋子。张良觉得很不理解，心想："你算老几呀？凭什么让我帮你捡鞋子？"张良当时十分生气，甚至想拔出拳头揍对方，但见他年老体衰，而自己却年轻力壮，便克制住自己的怒气，到桥下把鞋子捡了回来。

谁知这位老人不仅不说声谢，反而大咧咧地伸出脚来说："替我把鞋穿上！"张良心底大怒：嘿，这糟老头子，我好心帮你把鞋捡回来了，你居然还得寸进尺，要让我帮你把鞋穿上，真是过分！

张良正想脱口大骂，但又换了一个角度想了想，反正鞋子都捡起来了，干脆好人做到底。于是默不做声地替老人穿上了鞋。张良的恭敬从命，赢得了这位老人孺子可教的首肯。又经过几次考验，这位老人终于将自己用毕生心血写的《太公兵法》传给了张良。

孔子说："君子坦荡荡，小人常戚戚。"古人还言："宰相肚里能撑船。"因此，我们遇事不要斤斤计较，要忍让、宽容，把心胸放宽些，这不但是人格涵养的问题，也是一种处世哲学。这样，看起来是吃亏，实是利己、积福。雨果有句名言："世界上最宽阔的是海洋，比海洋更宽阔的是天空，比天空更宽阔的是人的胸怀。"人的胸怀要比天空更宽阔，请首先学会忍让和宽容。我们呼唤忍让和宽容，期望人人可以做到忍让和宽容，这样，我们的生活才会变得越来越美好，我们的社会才会变得越来越和谐。

而立箴言

常言道：忍一时风平浪静，让一步海阔天空。天地之间，纷繁复杂；熙攘众生，千姿百态。一个人生活在社会中，不可避免地要同其他个体或事物发生千丝万缕的关系，同时还要受到各种制约。30岁的成熟男人，应该具备"化干戈为玉帛"的能力，用忍耐撑起自己的半壁江山，从容不迫地走向属于自己的辉煌未来。

别光想着表现自己

每个人都想拥有展示自己的舞台，作为一个30岁的男人，更想向世界证明自己是个强者，但是千万不要把注意力都集中在展示自己身上，也要多关注一下其他人的感受，尽管表现自己是一件很痛快的事情，但它绝对不能因此而成为其他人的痛苦和麻烦。

作为一个 30 的男人，肯定是希望自己的舞台越大越好，希望自己可以在人前人后展示自己的强者之美。告诉身边的每一个人："我是最棒的。"但是这个时候出现了一个问题，那就是有些人总会在这个舞台上忘乎所以，这种"忘我"的境界让他很难意识到底下的观众已经开始紧锁眉头。这是他们在为人处世方面的一个重大失误，他们忘记了，在展现自己的同时，也要顾及到其他人的感受，只有这样才能最大限度地获得别人的赞美和认同。

有的人说话，不顾及别人的感受与想法，只是一个人滔滔不绝，说个没完没了，讲到高兴之处，更是眉飞色舞，你一插嘴，立刻就会被打断。这样的人，还是大有人在的。李晓就是这样一个人，只要他一打开话匣子，就很难止住。跟他在一起，你就要不情愿地当个听众。他甚至可以从上午讲到下午，连一句重复的话都没有，真不知道他的话都是从哪来的。每次他找人闲聊，大家都躲得远远的，因为和他在一起实在有点儿害怕。

人与人交往，重要的是双方的沟通和交流。在整个谈话过程中，若只有一个人在说，就不容易与对方产生共鸣，达不到沟通和交流的效果。就是说，交谈中要给他人说话的机会，一味地唠叨不停就会使人不愿意与你交谈。

每个人对事物的看法各不相同，如果你在与他人交往的过程中，把自己的观点强加给别人，就会引起他人的不满。其实，每个人由于生活经历不同，对事物的认识也会不尽相同，各持己见也是正常的现象。但是当他人提出不同意见时，就断然否定，把自己的观点强加给别人，这样必定会给人留下狭隘偏激的印象，使交谈无法进行下去，甚至不欢而散。当你与他人交谈时，应该顾及对方的感受，以宽容为怀，即使他人的观点不正确，也要坚持与对方共同探讨下去。

方辉是某大学外国语学院的学生会主席，能言善辩，口才极佳。但他有一个特点，凡事争强好胜，常因为一些问题的看法与别人争得面红耳赤，非得争个输赢出来才肯罢休。他总认为自己说的话有道理，别人说的话没道理。别人的看法和观点，常常被他驳得一无是处。大家讨论什么问题时，只要他在场，他就会疾言厉色，一会儿反驳这个，一会儿又批评那个，好像只有他一个人是正确的，别人都不如他。如果不把死的说活，活的说成仙，他就不会善罢甘休。就这样，他常常会把气氛弄得很紧张，最后大家只好不欢而散。

其实，表现自己并没错。在现代社会，充分发挥自己的潜能，表现出自己的才能和优势是适应挑战的必然选择。但是，表现自己要分场合、分方式，更要适度，别妄乎所以。避免矫揉造作，否则好像是做样子给别人看似的。特别是在众多同事面前，只有你一个人表现得特殊、积极，往往会被人认为是故意造作，推销自己，常常得不偿失。

小刘是一名刚进企业的大学生，在学校的时候他是鼎鼎有名的高材生，所以一进企业就想好好地表现自己一番，得到上司的认同，尽早拥有提升的机会。一次上司开会和大家讨论下一步的运营方案，小刘觉得施展自己的才华的时候到了，于是他不顾别人在会上夸夸奇谈，按照自己的思路把自己的想法都说了出来。尽管他的陈述很到位，但是大家还是皱起了眉头。会后很长时间公司没有一个人跟小刘说话，在投票选举新主管的时候，小刘自然因为自己的人缘不够好而落选了。

作为一个初来乍到的人，进入到一个新环境都应该本着尊敬别人向别人学习的原则做事。只有这样大家才会帮助你，你才能更快地走进集体的圈子。可是小刘在这里就不会为人处世，他急于表现自己，给了别人一种很不舒服的感觉。由此看来这种只顾着表现自己的行为真的不可取，它不但会影响到你与左邻右舍的人缘，还很有可能葬送了自己的前程。

除此之外，还有的人，十分热衷于突出自己，与他人交往时，总爱谈一些自己感到荣耀的事情，而不在意对方的感受。

30 岁的 A 先生就是这样一个人，不论谁到他家去，椅子还没有坐热，他就把家里值得炫耀的事情一件一件地向你说，说话的表情还是一副十分得意的样子。一位老同学下岗了，经济上有点紧张，他知道了，非但没有安慰人家，反而对这位同学说："我现在工作还算稳定，每月工资 6000 元，就是太忙，赚了钱都不知道怎么花。"这时候他开始显示自己身上的那一身西装，因为很值钱，于是就在朋友面前炫耀："这是我从香港买的名牌西服，你猜一猜多少钱？1800 元。"说完后，一脸得意的表情，感觉就好像说："怎么样，买不起吧？"

表现自己虽然说是人的共同心理，但也要注意尺度与分寸。如果只是一味热衷于表现自己，轻视他人，对他人不屑一顾，这样很容易给人造成自吹自擂的不良印象。

总而言之，一个人在与别人相处和交往的时候，要多注意别人的心理感受。只有抓住了别人的心理，才能真正赢得别人的赞赏与好感。如果你只知道表现自己，抢风头而不给别人表现的机会，你就会遭到别人的怨恨，使自己陷入尴尬境地。

表现自己不是件坏事，因为人人都有表现自己的愿望。但是我们一定要注意场合，该收敛的时候收敛，该展现的时候展现。30岁的成熟，让我们明白光想着表现自己，必将会给自己带来很多不必要的麻烦。有时候做人还是要聪明一些，千万不要让一时的过失，影响到了自己整盘棋子的输赢。

敢于说"不"，但别得罪人

我们不是万能的，有些事情能做到，有些事情做不到。更何况人还经常受到情绪的左右，有些时候我们想去做，有些时候就不想去做。那么当面对别人的请求，我们爱莫能助的时候又该怎么把"不"字说出口呢？作为一个30岁的男人，我们没有必要因为一次拒绝得罪了别人。说"不"也是一门艺术，它能帮你摆脱很多不必要的麻烦，又不会失掉朋友间的情谊。

30岁的男人可以说在事业上已经处于一个上升的阶段，收入也越来越稳定，生活也慢慢趋于平稳。但这个时候却发现自己的身边总会发生这样的事情，那就是总有一些人会求你为他们提供帮助。本来助人为乐是好事,但是有些事情你确实帮不了他们,或者如果帮了他们自己的利益就会受到损害,可碍于情面怎好意思将"不"字说出口?更何况对方也许是自己的好兄弟,好同事,如果因为一次拒绝得罪了对方,那么今后自己岂不是要落到孤家寡人的地步吗?

一个有点小权力的30岁男人应该注意,因为你有权,亲戚朋友托你办事儿的人肯定多。这时你应该讲点策略,不能轻易答应别人。有的朋友托你办的事儿可能不符合政策,这样的事最好不要许诺,而是当面跟朋友解释清楚,不要给朋友留下什么念头,不然,朋友会认为你不给办事儿;有的朋友找你办的事儿可能不违反政策,但确有难度,就跟朋友说明,这事难度很大,我只能试试,办成办不成很难说,你也不要抱太大希望,这样做是给自己留有余地,万一办不成,也会有个交待。

当然,对于那些举手之劳的事情,还是应当帮助朋友去办,但答应了后,无论如何也要去办好,不能今天答应了,明天就忘了,待朋友找你时,你会很不好看。

我们在这里强调不要轻率地对朋友做出许诺,并不是一概不许诺,而是要三思而后行。尽量不说"这事没问题,包在我身上了"之类的话,给自己留一点余地。顺口的承诺,是一条会勒紧自己脖子的绳索。对待朋友的要求,要注意分析,不能一概满足。因为不分青红皂白一概满足,有可能引火烧身。因此,必须搞清楚朋友的要求是正当的,还是不正当的,是不是符合原则或规范。千万不能碍于情面,有求必应,有求必办。

有些人在拒绝对方时,因为感到不好意思,而不敢据实表明,致使对方摸不清自己的真正意思，而产生不必要的误会。其实，在人际关系的交往上，不得不拒绝，乃是常有的事，因此搞坏交情的并不多；倒是有些人说话语意暧昧、模棱两可，反而容易引起对方的误会，甚至导致彼此关系破裂。在你拒绝别人的时候，一定要附带考虑到对方可能产生的想法，尽量明快而率直地说明实情。这才是最根本的拒绝方法。

其实，我们每个人都会遇到这样的情况，但是该说"不"的时候还是要说"不"，否则事事答应到时候无法兑现就会麻烦。那么怎么开口呢？这还真是门儿学问，如果你能够掌握好拒绝别人，又不得罪对方的方法，就一定可以避免很多不必要的尴尬，给自己更多灵活的余地和空间。下面就为大家介绍几种拒绝别人的好方法，希望能够帮助更多的人摆脱如何说"不"的困境。

（1）坦言相告

对于有些过分或无理的要求，当自己不能给予对方满足时，我们必须坦言相告，如果遮遮掩掩、拖拖拉拉，反倒令对方心生反感而产生不满情绪。

杨帆是某电视台广告部的业务员，他的舅舅开了一家经销保健食品的公司。一天舅舅找到杨帆，让杨帆在负责的节目段给公司的产品做一下广告，广告费用以产品的形式付酬。杨帆非常清楚，这种做法违反台里的广告播出规定，于是杨帆直截了当地对舅舅说："这不行，不付广告费是不能做广告的。台里有明文规定，我没有这么大权力。"杨帆的舅舅知道了这是台里的规定，也非常理解。

（2） 陈明利害

在遇到亲属朋友托办的事而无法办到的时候，要讲清道理，陈明利害关系，明确加以拒绝。这样，朋友会理解你，而你只要讲清自己的原则，大家以后也不会"麻烦"你了。

江华的叔叔是一家石油大厂的厂长。江华同朋友一起合开了一家加油站，想让叔叔给批点"等外品"，这样可降低成本。叔叔诚恳地对江华说："我是厂长，的确，我有这个权力。但是，我不能为你说这个话，这是几千人的厂子，不是我厂长一个人的。我只有经营权力，没有走后门的权力。你是我的侄子，你也不愿意看到我犯错误，而让大家指指点点吧？生活有什么困难，我可以帮助你，这个要求我不能答应，违反原则的事我从来不做。"

（3） 另指它路

面对朋友所求感到力不从心或主观不愿意相帮而想要拒绝时，你可以不表示自己能否帮忙，而是为其介绍另外几种解决问题的途径，并表明这比自己帮助要好得多。

老李听说一家公司需要一名从事文秘工作的大学生，想让自己的女儿去那里工作，可女儿是大专毕业，这家公司要求本科学历。恰巧老李听说这家公司的经理与同科室的小赵是同学，于是请小赵从中帮忙。小赵怕落下埋怨，不想帮忙，但又考虑到老李的面子，于是对老李说："咱们科的姜维跟那个经理最好，上学时形影不离，你找他帮忙，这事准成。"小赵这么一说，不但回绝了老李的请求，还为老李指出一条"捷径"，让老李好一番感动。

勇敢说"不"是30岁男人走向成熟的标志，即便你与对方的情谊再深，关系再好，也不要空头许诺，掌握好拒绝的技巧，让对方明白你的难处，才是你最应该做的事情。毕竟这个时代的压力已经不少了，我们不是万能的，要想活得更轻松，还是尽可能不要为自己根本做不到的事情操劳了。

做人，千万别逞一时之气

逞一时英雄的人，往往都坚持不到最后。面对挫折和困难，迎头而上是正确的，但也要记住给自己留住后劲儿。其实，人生在世总会有那么几个关键时刻，有的时候它关乎我们的未来，甚至还有可能关乎我们的生死，作为一个30岁的男人，面对这类问题的时候一定要冷静，沉着，只有这样你才有可能成为那个笑到最后的成功者。

30岁的男人，按说已经可以很好地处理自己的问题了，可人生是有着各种变数的，这就好比脚下的路，时而曲折，时而平坦。当人生的这条路遭遇瓶颈或者来到了最关键的时刻，作为一个男人又该如何面对呢？这时候任何草率的行动都是不可取的。为了自己今后的命运，你必须选择沉着，必须多给自己一些时间理清思路，而不是逞一时之气，让这个趋势向着不利于自己的方向发展。常言说得好："一失足成千古恨。""真理再向前踏一步就成了谬误。"这一切的一切都在暗示着我们，做人还是理性点好。

《周易》中有"天行健，君子以自强不息"的话，是说天道运行强健不息，君子也应该积极奋发向上，永不停息才对，面对挫折、打击、磨难，应该是沉着应对，不能被这些困难所压倒。忍受挫折的一种方法是奋发图强，准备东山再起，而不可由此沉沦。

范雎是战国时魏国人，著名的策士。他擅长辩论，多谋善断，而且胸怀大志，有意开拓一番事业。但是，他出身寒微，无人替他向最高权力阶层引荐，不得已只能屈身在魏国中大夫须贾的府中任事。

一次，须贾奉魏王之命出使齐国，范雎作为随从一同前往。齐国国君齐襄王早已知道范雎有雄辩之才，因此，范雎到了齐国后，齐襄王便差人携金十斤及美酒赠予范雎，以表示他对智士的敬意。范雎对此深表谢意，却未敢接受齐襄王的赠礼，想不到还是招来了须贾的怀疑。须贾执意认为，齐襄王送礼给范雎，是因为他出卖了魏国的机密。须贾回国之后，将"范雎受金"的事上告给魏国的相国魏齐。魏齐不辨真假，也不作调查，便动大刑惩罚范雎。范雎在重刑之下，肋骨被打断，牙齿也脱落。他蒙冤受屈，申辩不得，只好装死以求免祸。范雎已"死"，魏齐让人用一张破席卷起他的"尸体"，放在厕所内；然后指使宴会上的宾客，相继便溺加以糟蹋，并说这是警告大家以后不得卖国求荣。

这可真是飞来横祸，这么大的打击和侮辱，几乎使范雎一命呜呼，为了保全自己，范雎忍受了这一切难以忍受的摧残和折磨。范雎平白无故地受了这么一场肌肤之苦和情志之辱，一腔效命魏国的热忱化作了灰烬。他决计离开魏国，另谋一处显身扬名的地方。为了脱身，范雎许诺厕所的守者，如能放他逃出去，日后必当重谢，守者利用魏齐醉后神志不清，趁乱请示了一下，诡称将范雎的"尸体"抛到野外，借此将他放了出去。后来范雎在一个叫郑安平的朋友帮助下逃亡隐匿起来，并改名为张禄。

就在范雎忍辱求全，隐身民间的时候，秦国一个叫王稽的使节来到魏国。秦国此时国力强盛，且虎视眈眈，大有兼并六国的气势和雄心。郑安平得知秦使王稽来到魏国，便扮成吏卒去侍奉王稽，目的是想寻找机会向他推荐范雎。一天，王稽在下榻的馆舍向郑安平打听：魏国有没有愿意与他一块西去秦国的贤才智士，郑安平便不失时机地向王稽陈说范雎的才干。王稽当下决定于日暮时分，在馆舍与范雎见面。

日暮时分，郑安平带范雎来到王稽馆舍。范雎面对王稽，侃侃而谈，条分缕析，议论天下大事。一席话还未谈完，其才情智慧已使王稽信服，王稽决定带范雎入秦。

王稽出使的任务结束，辞别魏王，私下带着范雎归秦。他们一路紧赶，来到秦国境内的京兆湖县时，只见对面尘土扬起之处，一队车骑驰驱而来，范雎忙问王稽道："对面来的是什么人？"王稽注目望了望，转身告诉范雎，来的是秦国相穰侯魏冉，范雎一听便说："据我所知，穰侯长期把持秦国的大权，厌恶招纳别的诸侯国的客卿入秦。我看，我与他见面，只会招致他的侮辱，请您还是把我藏在车中，不见为好。"正说着，魏冉的车骑已到，魏冉向王稽说了一番抚慰他出使辛苦的客套话之后,果然不出范雎所料,接着便问王稽:"使君出使归秦,有没有带别国客人来啊?这样做,于我们秦国没有好处,只会添加麻烦!"王稽见这种情形,心中暗自佩服范雎的先见之明,赶忙答道:"小人不敢。"魏冉看了看王稽,即示意驭手启车继续东行。

听到魏冉一行离去的车马声,范雎这才从车中探出身来,望着渐渐远去的魏冉背影,心中沉思:"我听说魏冉是一个聪明人。刚才他已经怀疑车中有人,只是决心下慢了,忘记搜索而已。"范雎一念及此,当即断然对王稽说:"魏冉此去,必然会后悔,非派人返回搜索使君的车辆不可,我还是下车避一下为好!"说完,范雎便跳下车,往道旁小径走去。王稽按辔缓行,以待步行的范雎。方才走了十多里,只听见身后一阵杂沓而急促的马蹄声响,魏冉遣回的骑卒已经赶了上来,将王稽的车马团团围住,一阵紧搜慢检,见车中确实没有外来的客宾,方才纵马而去。骑卒远去,大道清静,范雎从小路闪出,与王稽相顾一笑,上车策马,往秦都咸阳的方向急驶而去。

范雎装死逃出魏国,智避魏冉而得以入秦。入秦后,他充分施展辩才游说秦昭王,最终取得信任。秦昭王采用范雎的谋略,对内加强了秦国的中央集权,对外使用远交近攻的霸业方略,使秦国对列国的压力再度加强。秦昭王因此任命范雎为秦相国,封为应侯。

人的一生中,不可能什么事情都是一帆风顺的,总会遇到各种各样的困难、挫折,无论是来自自身的,还是来自外界的,都在所难免。能不能忍受一时的不顺利，这就要看你是否有雄心壮志。一个真正想成就一番事业的人，志在高远，不以一时一事的顺利和阻碍为念，也不会为一时的成败所困扰。面对挫折，他们必然会发愤图强、艰苦奋斗，去实现自己的理想，成就功业，这是一种积极的人生态度。

而立箴言

人生在世，总会遇到几个关键时刻，作为一个 30 岁的成熟男人，你必须沉得住气，冷静以对，只有这样才能更好地保存自己的实力，为自己赢得胜利的机会。倘若这个时候沉不住气，逞一时之能，就很难成就自己今后更加成功的事业。

告别贪欲的诱惑

这个世界到处都是诱惑，因为贪婪的欲望把自己送进死胡同里的人不在少数。金钱，地位，女人，等等，这一切的一切无时无刻不在考验着作为一个男人的做人原则。人到 30 岁，多多少少会面对这样的困惑，究竟是向左还是向右，究竟是前进还是后退，自己一定要给自己规定一个范围，否则当你卷进这场潜在的危险时，想回头就已经很不容易了。

　　每个人都希望自己能过得更好,比如拥有更多的财富,得到更高的地位,有漂亮的女人围看自己等等。虽然说这些话有些直白,但这的的确确是很多男人梦寐以求的生活。为了这样的生活,有人天天早出晚归,有人天天夜不能寐,还有人为了能够快些达到这个目的动起了歪脑筋。其实,成功没有捷径,寻找捷径的人最终都不会有好的下场,就算他们也许会有一时的风光,但是迟早还是会出事,因为他们早已把这种寻找捷径的思想变成了一种习惯。人的欲望是没有尽头的,欲望越大,人就越贪婪,而你的贪欲最终将给你和家庭带来不幸。因此,你必须学会节制欲望,别让贪欲控制了你。

　　记得有这样一个神话故事:

　　有个农夫到山中打柴,他已显得有些衰老,且常常受到妻子的奚落。这天,他幸遇青春泉水,解了渴。回到家后,妻子大为惊讶,因为他突然变得年轻了许多。经追问,方知是饮用了青春泉水的缘故。于是,妻子迫不及待地也到了那里,狂饮起来,可是,由于她贪得无厌,不知节制,终于从中年蜕化为青年再蜕化为少年,最后竟变成了呱呱坠地的婴儿。丈夫赶赴泉边,只好叹息着把她抱起来,当作子女抚养了。就因为她贪婪无度,以致失去了正常的生命秩序,变成了有待于重新进行灵智启蒙的新生儿——生命智慧的赤贫者。

　　这个世界上美好的事物很多,但也要懂得适可而止。酒虽好不能贪杯,钱虽好用但不要贪婪。什么事情,只要跟贪婪挂上边,那么结果一定不会是好的。就拿老百姓最常见的炒股来说,之所以在股市中赚钱的人总在少数，主要原因就在于过分地贪婪。赚了钱不知道悬崖勒马，而是希望能够得到更多，就这样一次又一次，结果终于被套牢，再也没有回旋的余地。

其实，人生就是这样，我们可以把我们得到的，当做一种意外的惊喜，但是绝对不要奢望这种惊喜总会来到你身边。我们一定要掌握好自己对物质世界和精神世界的平衡，更要坚定自己做人的原则，出了范围的事情就算再绚烂也不要跟着走，否则走来走去一定会走到陷阱的边缘。

下面再来看看这样一个故事：

话说一座县城里，有一位老和尚，每天天蒙蒙亮的时候，就开始扫地，从寺院扫到寺外，从城里扫到城外，一直扫出离城十几里。天天如此，月月如此，年年如此。小城里的年轻人，从小就看见这个老和尚在扫地。那些做了爷爷的，从小也看见这个老和尚在扫地。老和尚虽然很老很老了，就像一株古老的松树，不见它再抽枝发芽，可也不见其衰老。

有一天老和尚坐在蒲团上，安然圆寂了，可小城里的人谁也不知道他活了多少岁。过了若干年，一位长者走过城外的一座小桥，见桥石上刻着字，字迹大都磨损，老者仔细辨认，才知道石上刻着的正是那位老和尚的传记。根据老和尚遗留的度牒记载推算，他圆寂时137岁。

据说军阀孙传芳部队有一位将军在这小城扎营时，突然起意要放下屠刀，恳求老和尚收他为佛门弟子。这位将军丢下他的兵丁，拿着扫把，跟在老和尚的身后扫地。老和尚心中自是了然，向他唱了一首诗：

> 扫地扫地扫心地，
>
> 心地不扫空扫地。
>
> 人人都把心地扫，
>
> 世上无处不净地。

现代人也许会讥笑这位老和尚除了扫地，扫地，还是扫地，生活太平淡、太清苦、太寂寞、太没有意义了。其实这位老和尚就是在这平淡中，给小城扫出了一片净土，为自己扫出了心中的清净，扫出了137岁的高寿，谁能说这平淡不是人生智慧的提炼呢？这个故事就说明了平淡对人心清静的重要。

法国杰出的启蒙哲学家卢梭认为现代人物欲太盛，他说："10岁时被点心、20岁被恋人、30岁被快乐、40岁被野心、50岁被贪心所俘虏。人到什么时候才能只追求睿智呢？"人心不能清净，是因为物欲太盛。人生在世，不能没有欲望。除了生存的欲望以外，人还有各种各样的欲望，欲望在一定程度上是促进社会发展和自我实现的动力。可是，欲望是无止境的，尤其是现代社会物欲更具诱惑力，如果管不住自己的欲望，任它随心所欲，就必然会给人带来痛苦和不幸。

我们都是凡人，不是神仙，凡人就会有七情六欲，就会向往更好的生活，这是由人的本性决定的。孔子有句话，叫做："君子爱财，取之有道。"我们可以把自己的欲望当成是一种目标，并尽可能地用正当手段向着这个目标努力。即便是没有得到，也要学会知足常乐，告诉自己这个世界上总有些事情是自己得不到的。为了自己今后的人生能够走得太平，还是让我们告别贪欲的诱惑吧！真正的生活还是平淡点好，作为一个 30 岁的男人，当你看透了钱与利的纷纷扰扰，一定能够明白贪欲是魔鬼，平安才是真的道理，30 岁的男人好好从修身养性做起吧！莫等闲白了少年头，空悲切。

而立箴言

有人崇尚物质，有人崇尚精神，其实这两者谁也离不开谁。作为一个 30 岁的男人，你一定要明白，真正的开心滋味不是用金钱和权势换来的，如果你真的想拥有属于自己的那份释然，就必须节制自己的欲望，放下内心的贪欲。只有这样你的心情才会保持舒畅，你的人生才会归于平静。真正的人生绝不能在物欲横流中度过，当你摆脱了欲望中的纷纷扰扰，也许就会忽然明白，原来简简单单的日子才是最有乐趣的。

帮助别人就是帮助自己

人类是群居的动物，遇到难处少不了互相帮衬，一个不经意的善行，帮助了别人，也净化了自己的心灵。人们常说："赠人玫瑰手有余香。"帮助别人就是帮助自己。在自己力所能及的范围内友好地帮助别人，即便没有什么丰厚的回报，也同样可以让心中的那份快乐装点自己的人生。

人到了30岁，心里总是想为这个社会，为身边的朋友和家人做点什么。其实，在这个世界上需要帮助的人很多，有些也许只不过是举手之劳，但给你带来的回报却是巨大的。那种回报也许不是金钱，不是地位，但却是一种百分之百的成就感。这种莫名的快乐告诉你，做一个好人，做一个爱帮助别人的人是一种莫大的荣幸。

二十多年前，美国移民潮风起云涌。一个叫安吉的年轻律师，在一个移民集中的小镇，成立了一个律师事务所，专门受理移民的各种事务和案件。创业之初，尽管他每天忙碌，但他仍然穷得连一台复印机都买不起，他整天开着一辆破车，来往于移民之间，尽自己的所能，真诚地帮助需要帮助的移民。后来安吉律师事务所在当地也小有名气，财富也接踵而来，他的办公室扩大了，并有了自己的雇员和秘书。

正当他的事业如日中天的时候，一念之间他将所有的资产都投资于股票，并且几乎全部亏尽，更不巧的是，由于美国移民法的修改，职业移民额削减，他的律师事务所也门庭冷落，他破产了。正在他不知自己的下半生如何度过、感叹人生无常时，他收到了一位公司总裁寄来的信。信中说他愿意把公司30%的股份无偿赠送给安吉先生，并且旗下的两家公司，随时都欢迎他做终身法人代表。

安吉简直不相信自己的眼睛，这是真的吗？这天上真是掉馅饼了？是谁在自己最危难的时候帮助自己，安吉决定亲自去拜访这位总裁。

他是一位四十开外的波兰裔老板。"还认识我吗？"总裁微笑着问安吉，安吉摇头，怎么也想不起在哪见到过他。总裁从硕大的办公抽屉中，拿出一张皱巴的 5 元钱汇票和一个写有安吉名字和地址的名片，总裁接着说："20 年前，我来到美国时，准备用身上仅有的 5 美元去办理工卡，但当时我不知道工卡已经涨到了 10 美元，当排到我的时候。办事处快下班了，但当天如果我没办上工卡，那么我在公司的位置将会被别人顶替，而此时你从身后递过来 5 美元，当时我让你留下姓名、地址，以便日后把钱奉还，当时你留下了这张名片……"安吉渐渐想起这事了，他问："后来呢？"

"不久我在这家公司连续申请了两个专利，事业发达起来，本想加倍地把钱奉还给你，但我到美国之后工作生活经历了许多的磨难和冷遇，是你这 5 美元改变了我对人生和社会的态度，我怎么会把这 5 美元轻易地送出呢？"

这个故事听起来蕴含着偶然性，而偶然性的发生却蕴含着必然性。一个有着善心和善举的人，是应该得到回报的，这种回报与其说是上帝的赐予，不如说是安吉当初种下了善因的回报，试想一下，假如当初安吉不去用 5 美元助人，那么今天他怎么会得到总裁那么大的恩惠呢？帮助别人就是帮助自己，生活中当你为别人付出的时候，本身就会体验到快乐，因为付出也是一种快乐。为别人付出你的爱心，也就种下了一片希望，就会有硕果累累的一天，更能品尝到丰收的喜悦。

这时候又想起这样一个故事：

在一场激烈的战斗中，上尉忽然发现一架敌机向阵地俯冲下来。照常理，发现敌机俯冲时要毫不犹豫地卧倒，可上尉并没有立刻卧倒，因为他发现离他四五米远处有一个小战士还站在那儿。他顾不上多想,一个鱼跃,飞身将小战士紧紧地压在了身下。此时一声巨响,飞溅起来的泥土纷纷落在他们的身上。上尉拍拍身上的尘土,回头一看,顿时惊呆了:刚才自己所处的那个位置被炸成了一个大坑!

试想,如果上尉只顾自己,就地卧倒,他是否会被炸得粉身碎骨?可他没有这样,他想到的是小战士,是帮助他人抢回生命!结果,在帮助他人的同时也帮助了自己!

人们常说"赠人玫瑰,手有余香",这种余香也许会给你带来一天的好心情。我们希望我们生活的环境里充满真,善,美,却经常忘记这种美好需要每一个人从我做起。其实,帮助别人应该是一种习惯,他并不一定仅仅拘泥在自己的亲戚和朋友身上。公交车上给老人让个座,成为一名无偿献血者,给找不到方向的人指指路,你都会赢得别人的感激和赞许。不要小瞧了这简简单单的一句"谢谢",它对你真的有着很大的意义。试想一下如果你身边所有的人都用感激的目光看待你,你还会担心当自己需要帮助的时候得不到帮助吗?帮助别人是一笔巨大的财富,也许你不能随时随地地将它提取出来,但也许就在人生的某个拐角处,它就会像一股暖流般滋润你的心田。

在一些人的头脑里,一直认为要帮助别人,自己就要有所牺牲;别人得到了,自己就一定会失去。其实很多时候,帮助别人并不就意味着自己吃亏,爱默生说:"人生最美丽的补偿之一,就是人们在真诚地帮助别人之后,同时也帮助了自己。"帮助别人是一种爱的境界,这种境界中,收益的不仅仅是别人,还有你自己。

而立箴言

　　人与人之间需要相互帮助，没有相互的帮衬整个时代就会倒退好几十年。在这里我们没有必要说一些助人为乐，自己也乐的大道理。到了 30 岁这个年纪，就算为自己着想，也该试着向别人伸出援手。其实有些时候那不过是举手之劳，但在对方的眼中，你的形象是高大的，有尊严的，你不用担心当自己遇到困境的时候，别人会袖手旁观，因为这个世界上知道"滴水之恩将涌泉相报"的人还是占多数的。

第四章

从容奔三，压力是成就未来最好的动力

　　20 岁的时候，我们畅想着未来，过着无忧无虑的生活，尽管银行卡里没有多少存款，但时不时地还是能和自己的哥们儿到酒吧一条街上风光一把。但是当你迈向了 30 岁，心中不免会生出一些恐惧，种种的压力也会随之而来。房贷，车贷，未来家庭的储备资金，种种的种种都在暗示你现在将要背负更多的责任和艰辛。尽管时光在一年一年地流逝着，尽管青春总有一天会失去那耀眼的颜色，但是这一切都不会影响到我们对于理想的执著，努力吧，无论你已经 30 岁还是即将迈入奔三的行列，珍惜身边的每一次感动，每一次奋起，每一份坚强，你内心的压力就会成为你成就未来最好的动力，带你走向明天的辉煌。

别让工作成为你的负担

工作本身是一件快乐的事情，可是很多人都不这么认为。他们认为工作仅仅是自己的一种谋生的手段。感觉生活给了他们不小的精神负担，繁重的工作任务，紧张纠结的竞争压力，都让他们有一种喘不上起来的感觉，随着年龄到了30岁，责任也越来越重，这时候究竟该何去何从，怎样才能使自己从这种沉重的心里压力中解脱出来，就成了所有人最关心的话题。

如今这个时代，说为自己的理想努力总觉得有点虚无缥缈的感觉。尽管我们时刻展望着美好的未来，但是生活还是要从脚踏实地的忙碌来入手。就这样我们二十几岁的光阴一年又一年地流逝着，每天起早贪黑地去打拼，去努力。到了30岁虽说小有成就，也还算年轻，却对繁重的工作任务，越来越力不从心。于是我们偶尔会因为明天的会议发言而失眠，会时不时因为做不出新的策划案而急躁。总而言之，我们越来越觉得，工作中的快乐越来越少，烦恼越来越多。它仿佛已经成为了一种负担，让我们想挣脱又挣脱不掉，想停下来，又不能停滞不前。

鉴于这种情况，在西方已有很多家公司提出了至少一种以上的紧张管理方案，它们包括从最普遍的控制饮用含酒精的饮料，到体育锻炼和静思养神培训班等各种方案。例如，美国纽约电话公司就要求所有雇员定期检查身体，并且给被与紧张有关的问题所困扰的人开设静思养神培训班。

如果你的公司没有开设这类培训班，你也可以通过自我调整来解决困扰，一个简单而有效的建议是，在压力过大或倦怠时就偶尔纵容自己不去上班。

在一家房地产公司做高级职员的周明，参加工作9年，一直是一个不折不扣的工作狂，但是从今年春天开始，他突然厌倦工作了，不想上班，特别是在长假或双休日过后，一想到上班就想哭。早上听见闹钟一响，就觉得心烦，出了门，心就开始发慌，觉得胸闷、头晕、气短，觉得上班简直就是受罪，但一想到还得供房，又不得不往公司走。

与其在每天疲惫地工作之后，让不想工作的念头折磨着心灵，还不如从现在开始，调整好心态，让不想工作的痛苦离你远去。因为身处工作、生活方式激荡变革的"后工作时代"，每个人都可以有更加自主的选择。

每个人不想工作都有自己的理由，如果你患有这样的上班恐惧症，即在精神高度紧张的工作中，期待着每周两天的休息日，而每到周日晚上，又会对即将到来的工作日产生恐惧，那你就可以和工作说拜拜了，至少是暂时的。

心理学家告诫我们，不想上班时就不上，可以去读书充电，也可以请假去旅游，最终的目的都是放松自己。要知道，只有以饱满的状态去工作和生活，人生才是有质量、有意义的。

当工作成为一种负担，我们没有必要再抱怨每天"起得比鸡早，干得比驴多，睡得比狗晚"。当工作压得我们喘不过起来的时候，就索性放下这些繁重、乏味的工作，给自己一个相对清闲的空间。找个西餐厅或者咖啡馆，坐下来，要一杯自己钟爱的卡布奇诺或提拉米苏蛋糕；什么也不要想，任午后灿烂的阳光透过宽大的玻璃窗暖洋洋地照射在自己的身上，我们可以眯着眼睛看着窗外的川流不息的人群，看着外面汽车和自行车的相互穿行，看那些行色匆匆的为生计所奔波的芸芸众生，或许就在那一瞬间，曾经浮躁的心就会归于平静，我们会感谢那份可以让我们温饱有余的工作。

当工作成为一种负担，我们可以试着不去理睬工作上那些繁琐的事情，找个周末，约上三五好友一起相聚在某个酒吧或者歌厅，或微醉，或清醒，把自己想说的话都说出来，聊聊彼此的生活；尽情地用歌声或者喊声宣泄自己的不快，毫无顾忌地发泄自己的不满。这时候你会发现在这个小小的世界里，永远有歌舞升平，永远有好事和坏事在发生，永远是有人欢喜有人忧愁。那一瞬间，那颗曾经坚硬的心会变得柔软，我们就会开始感谢那份可以让我们衣食无忧的工作。

有一些男人对于自己的现状很满意，但就是觉得工作压力太大了，那也很好办，外出旅游好了，流连于山水之间，徜徉在历史积淀的文化中，又有什么放不下的呢？如果暂时脱不开身，那就全当目前的工作是为自己攒旅游费好了，有了那么动人的目标，工作起来应该不会很痛苦了吧？

不要对自己太吝啬，总是觉得辛苦赚来的钱舍不得花，因为还要买房子，还要买车。但要清楚一点，那就是只顾向前冲，却从来不加油的车是跑不了多远的，只有给自己适时的放松，不时的"加油"、"保养"，才能以良好的状态投入到以后的工作中去，也只有良好的工作状态才会给你带来良好的收入,所以说,一定数量的消费和钱财的积累并不矛盾。

总而言之,能感受到负担说明我们还能承受这种压力,有工作说明我们还有作为,说明我们还能为生活付出自己的一分努力。在稍做休整之后,让我们在对人生的感悟中轻装上路,以全新的姿态重新投入到工作中,去享受工作的快乐,开创美好而积极的人生未来。

而立箴言

对于工作来说,太专注于工作以至到了焦虑的程度是陷入了误区,但为了驱除紧张,放松到了懒散的程度,也是走入了另一个误区。作为一个30岁的男人,在认真与放松之间,你一定要掌握好一个度。有张有弛,有急有缓,使自己的生活得到最良好的调节,使之保持在一个绝佳的状态,才是我们真正追求的目标。

学会在挫折中看到希望

挫折是每个人都会遇到的事情,人这辈子不可能事事如意,多多少少都会遇到一些自己不想遇到的事情。这个世界上没有人会永远幸运,但同样也不会有人永远倒霉。作为一个30岁的男人,我们应该学会在挫折中看到希望。在悲伤的时候展望明天美好的未来。

只有这样，人生才能永远走在阳光里，才能永远散发自己独特的味道和情趣。

还记得你第一次受挫的时候是一个怎样的年纪吗？也许是当年不小心摔了一跤的苦恼，也许是一次考试的失利，也许是在自己找工作的时候抱着简历四处碰壁，也许是经历了一次上司的严厉批评。总而言之，30岁之前，你一定已经尝到了挫折的味道，并已经对它有了自己的理解。有人说男人要坚强，但是有时候男人的心也很脆弱，并不是每一场风雨来临的时候都能做到风雨无阻。但至少有一点，我们一定要坚持，那就是绝对不要放弃自己的理想和希望，只要希望在，人生的乐趣就在，只要希望在，成功的可能就在。这是作为一个男人必须坚守的阵地，只有做到这一点，你才能给自己带来安全感，并把这种安全感带给自己所爱的亲人和朋友。

谈到这里还是让我们来看看这样两个故事：

古时有一位国王，梦见山倒了，水枯了，花也谢了，便叫王后给他解梦。王后忧心忡忡地说："大势不好。山倒了指江山要倒；水枯了指民众离心，君是舟，民是水，水枯了，舟也不能行了；花谢了指好景不长了。"国王惊出一身冷汗，从此患病，且愈来愈重。一位大臣在参见国王，国王在病榻上说出了他的心事，哪知大臣一听，大笑说："太好了，山倒了指从此天下太平；水枯指真龙现身，国王，你是真龙天子；花谢了，花谢见果子呀！"国王全身轻松，很快痊愈。

还有这样一个老太太，她有两个女儿，大女儿是染布的，二女儿是卖伞的，她整天为两个女儿发愁。天一下雨，她就会为大女儿发愁，因为不能晒布了；天一放晴，她就会为二女儿发愁，因为二女儿的伞卖不出去。老太太总是愁眉紧锁，没有一天开心的日子，弄得疾病缠身，骨瘦如柴。一位老者告诉她，为什么不反过来想呢？天一下雨，你就为二女儿高兴，因为她可以卖伞了；天一放晴，你就为大女儿高兴，因为她可以晒布了。在老者的开导下，老太太以后天天都是乐呵呵的，身体自然健康起来了。

由此看来，改变观念就可以改变一个人的人生，改变心态就可以让自己从四面楚歌的局面中解脱出来，走向更加美好的明天，这真是一件奇妙的事情。

遇到挫折，有的人会从挫折中寻求希望，在挫折中愈挫愈勇，以更加饱满的斗志继续人生的旅途。而有些人遇到挫折，则先想到逃避，让自己沉睡在不见天日的地窖中，希望时间的流逝能冲淡这段痛苦的遭遇。不同的人对待挫折的不同态度，注定了人与人之间不同的命运。

成功人士对待事物，不看消极的一面，只取积极的一面。如果摔了一跤，把手摔出血了，他会想：多亏没把胳膊摔断；如果遭了车祸，撞折了一条腿，他会想：大难不死必有后福。他把每一天都当做是新生命的诞生而充满希望，尽管这一天也许有许多麻烦事等着他；他又把每一天都当做生命的最后一天，倍加珍惜。

美国潜能成功学家罗宾说："面对人生逆境或困境时所持的信念，远比任何事都来得重要。"这是因为，积极的信念和消极的信念直接影响创业者的成败。

美国成功学学者拿破仑·希尔，在阐述关于心态的意义时说过这样一段话："人与人之间只有很小的差异，但是这种很小的差异却造成了巨大的不同。很小的差异就是所具备的心态是积极的还是消极的，巨大的不同就是成功和失败。"

是的，一个人面对失败所持的心态如何，往往决定他一生的命运好坏。积极的心态有助于人们克服困难，使人看到希望，保持进取的旺盛斗志。消极心态使人沮丧、失望，对生活和人生充满了抱怨，自我封闭，限制和扼杀自己的潜能。

海洋中没有浪花就击不起千层浪，生活中不经历挫折你就永远不能证明自己是个强者。面对挫折首先要有百折不挠的意志。意志是一个人思想的主宰，只有当一个人用坚定的意志来守护战胜挫折的信念时，他才有向挫折挑战的筹码。即使我们一百次扑倒在地，也要第一百零一次站起来，即使自己已失去一切一无所有，也要有继续尝试的勇气。

积极的心态创造人生。消极的心态消耗人生，积极的心态是成功的起点，是生命的阳光和雨露，让人的心灵成为一只翱翔的雄鹰；消极的心态是失败的源泉，是生命的慢性杀手，使人受制于自我设置的某种阴影。选择了积极的心态，就等于选择了成功的希望；选择消极的心态，就注定要走入失败的沼泽。如果你想成功，想把美梦变成现实，就必须摒弃这种扼杀你的潜能、摧毁你的希望的消极心态。

作为一个30岁的男人，我们在学会坚强的同时，还应该培养自己积极乐观的心态，告诉自己挫折是暂时的，总有一天会过去，而真正的人生绝大部分还是阳光明媚的。我们要在挫折中看到希望，在困境中展望未来，因为这个世界上没有什么难关是过不去的。它就好比每天从东方升起的太阳，我们永远不会担心它再也不会对我们绽放光芒。

而立箴言

人生最大的财富不是青春与美貌，也不是充沛的精力，而是有遭遇挫折的机会。我们应该珍惜这个机会，应该在这个机会下更好地磨炼自己。尽管已经到了而立之年，但我们仍然应该保持自己的坚韧地斗志。让美好的希望在挫折中重生，让自己的明天更加美好，让自己的生活永远充满阳光。

将苦恼统统抛在脑后

小时候我们无忧无虑，随着年龄的增长烦恼也与日俱增。20 岁的时候还可以过一过一人吃饱全家不饿的日子，可到了 30 岁开始慢慢意识到自己身上的责任。想抓住身边的机遇却一再错过，想完成自己的梦想，却觉得它日渐遥远。总而言之，一连串的苦恼，就这样有形无形地折磨着自己。别再想了，好好地为自己放个假，30 岁有 30 岁的潇洒，让我们将那些令人心碎的苦恼统统抛在脑后吧。

随着时光的流逝我们在慢慢走向成熟，30 岁的男人也有了自己不少的心事。它也许是有关事业的，也许是有关家庭的，也许是有关爱情的。总而言之，总是让我们内心产生了一种纠结的情绪。这种苦恼有的时候让我们很痛苦，经常把我们推向消极的死胡同。使我们丧失最初的斗志，觉得生活带给了自己太多的失落。其实，事情并没有我们想象中的那么沉重，但我们确认为它很沉重，就这样日子一天天过去，让我们有了一种在苦恼中挣扎的感觉。

当各种各样的苦恼重叠在了一起，当我们感到这些压力和失落让我们的人生失去意义，你就需要暂时停下脚步，让自己内心的不满、痛苦和无奈得到彻底的宣泄。我们可以给自己设计一段轻松的日子，在那些日子里，什么都不要想，去做自己喜欢的事情，将各种各样的苦恼统统抛在脑后。不再去管明天的房贷能不能如期还上，让下星期必须完成的文件、报表、策划案通通见鬼去吧。你现在需要的就是休息、放松，只有让自己的情绪归于宁静，你才能在以后更加从容、冷静地面对压力，面对人生，面对你自己。

这时候忽然想起了这样一个故事：

飞机正在白云之上翱翔。机舱内，空姐微笑着给乘客送食品。刘老板细细地品尝美食，而邻座的年轻人却愁眉苦脸地望着窗外的天空。

刘老板颇为好奇，热情地问："小伙子，怎么不吃点儿？这伙食标准不低，味道也不错。"

年轻人慢慢地扭过头，不无尴尬地说："谢谢，您慢用，我没胃口。"

刘老板仍热情地搭讪："年纪轻轻的怎么会没胃口？是不是遇到什么不开心的事啦？"

面对刘老板热心的询问，年轻人有些无奈："遇到点儿麻烦事，心情不太好，但愿不会破坏了您的好胃口。"

刘老板非但不生气，反倒更热心了："如果不介意，说来听听，兴许我还能给你排忧解难。"

年轻人看了看表，还有一个多小时才能到目的地，聊就聊聊吧。

年轻人说："昨夜接到女朋友的电话，说有急事要和我谈谈。问她有什么事，女朋友表示见了面再说。"

刘老板听后笑了："这有什么犯愁的呀？见了面不就全清楚了吗？"

年轻人说："可她从来没这么和我说过话。要么是出了什么大事，要么就是有什么变故，也许是想和我分手，电话里不便谈。"

刘老板笑出声："你小小年纪，想法可不少。也许没那么复杂，是你想得太多。"

年轻人叹道："我昨天整个晚上都没合眼，总有一种不祥的预感。唉，你是没身临其境，哪能体会我此刻的心情。你要是遇到麻烦，就不会这样开心啦。"

刘老板依然在笑："你怎么知道我没遇到麻烦事？也许你的判断不够准确。"说着，刘老板拿出一份合同，"我是去广州打官司的，我们公司遇到前所未有的大麻烦，还不知能否胜诉。"

年轻人疑惑地问："您好像一点儿也不着急。"

刘老板回答："说一点儿不急那是假，可急又有什么用呢？到了之后再说，谁也不知道对方会耍什么花样儿。可能我们会赢，也可能一败涂地。"

年轻人不禁有点佩服起眼前这位儒雅的绅士来。一晃几十分钟过去，到达了目的地广州，刘老板临别给了年轻人一张名片，表示有时间可以联系。

几天后，年轻人按照名片上的号码给刘老板去了个电话："谢谢您，刘董事长！如您所料，没有任何麻烦。我女朋友只想见见我，才出此下策。您的官司打得怎么样？"

刘董事长笑声爽朗："和你一样，没什么大麻烦。对方已撤诉，我们和平解决。小伙子，我没说错吧，很多事情面对了之后再说，提前犯愁无济于事。"年轻人由衷地佩服这位乐观豁达的董事长。

有句成语叫做自寻烦恼，这无非是在告诫我们：许多烦心和忧愁都是我们自己给自己绑的绳索，是对自己心力的一种无端耗费，无异于自己给自己设置了一个虚拟的精神陷阱。只要好好把握现在，什么事情都可能出现转机。同样，遇到苦恼的时候，我们没有必要觉得它有多么让人恐惧，不要在自己的想象中把未来还未发生的事情想的那么可怕。有的时候试着把这一切的一切抛在脑后，让其顺其自然地发展，也许一切就会在不知不觉中迎刃而解了。

一座15世纪的教堂废墟上留着一行字：事情是这样的，就不会那样。藏在苦恼的泥潭里不能自拔，只会与快乐无缘。所以你要给自己找一个远离苦恼的理由来安顿自己的心灵，抓住苦恼不放，就会失去生活的乐趣。英国作家萨克雷有句名言："生活是一面镜子，你对它笑，它就对你笑；你对它哭，它也对你哭。"如果你成天以一种痛苦的、悲哀的感情去生活，那么生活就将是非常沉闷灰暗的；而如果你以欢悦的态度对待生活，即使有不如意、不顺心的事，生活也会充满阳光。

而立箴言

　　这个世界上没有任何一种苦恼是永恒的，如果有，也是人长时间自我纠结的结果。如果你现在正在经历着苦恼，就一定要学会把它放下，让内心得到一种彻底的平衡和安宁。只有这样你的人生道路才会更加平坦，你走在路上才会更加从容，而快乐的天使将永远不会舍你而去。

懂得放下的人更快乐

　　这个世界上有很多美好的东西，我们每个人都恨不得把所有的美好敛入囊中，但是由于自己的能力有限，精力有限，我们不可能做到让自己事事完美。船载的东西太多就会沉没，同样，人得到的越多，往往失去的也会越多。其实，人生最重要的是快乐，但如果我们的欲望太多，要求太高，就必将失去快乐。真正懂得生活的人，往往都是那些懂得放下的人，当你将自己肩上的重担统统放下的时候，就会发现原来轻松的人生才是自己最宝贵的财富。

　　每个人都想快乐地活着，可是越来越多的人却不知道快乐是什么。有人觉得拥有更好的生活条件才能快乐，但真的过上了有车有房的生活却还是天天紧皱着眉头。有人觉得拥有事业上的成功会快乐，但是当自己真的升职加薪以后，却发现自己郁闷的事情并未减少。有人觉得有个美女老婆会快乐，可真的有了以后却因为自己经常无法满足对方的需要而叫苦不迭。

其实，这个世界上哪有十全十美的事，你有了这个，必定就要放下那个，如果你不想放下，那你就一定会被其所累，失去原有的平衡。如今我们已经是个30岁的成熟男人，应该明白其中的道理，当我们看惯了世间的纷纷扰扰，就会发现那些懂得放下的人才是最快乐的。他们从来不会因为内心过分的欲望而纠结，也不会因为持续的追逐而劳累。在他们眼中，生活就应该是简单的，只有放下该放下的，才能得到更多自己真正需要的东西。

一个富翁背着许多金银财宝，到远处去寻找快乐。可是走过了千山万水，也未能找到，于是他沮丧地坐在山道旁。一农夫背着一大捆柴草从山上走下来，富翁说："我是个令人羡慕的富翁。请问，为何没有快乐呢？"

农夫放下沉甸甸的柴草，舒心地揩着汗水："快乐也很简单，放下就是快乐呀！"富翁顿时开悟：自己背负那么重的珠宝，老怕别人抢，总怕别人暗害，整日忧心忡忡，快乐从何而来？于是富翁将珠宝、钱财接济穷人，专做善事，慈悲为怀。善良不但滋润了他的心灵，他也尝到了快乐的味道。

要人放下所有一切的执著，毕竟困难，但如果能够洞悉人生"得"与"舍"的真谛，则逆境便会少了许多，顺境必定增加不少。

放下的同义词是"割舍"，单看字面的意思就知道颇为难为，"割"了再"舍"，多难啊！但人生本来就是处处割舍，无处不舍，难舍得舍，来得去得。"舍"确实有如割肉一样痛苦，所以往往有人舍是为了更加地多"得"。

学会放下，你就可以轻装前进，摆脱那些不必要的烦恼，摆脱各种各样的纠缠，将整个身心沉浸在轻松悠闲的宁静当中；也许有的时候生活会逼迫你，你不得不交出自己的权力，不得不放弃本来已经到手的机遇，甚至不得不抛下自己的爱情。但你一定要明白，这个世界不是完美的，你不可能什么都得到，所以该放下的东西，还是要放下。

放下会使你的心胸更加豁达，会使你做起事情来更加冷静主动，放下会让你变得更有智慧更有力量。其实，放下是一种心灵升华后到达更高境界的一种体现，那么如何才能达到坦然放下的境界呢？这的确也是值得每一个人认真思考的问题。

话说到这，想起了这样一个故事：

英国探险队成功登上珠峰后，下山时却遇上了狂风大雪，如果扎营休息，恶劣天气很可能导致全军覆没，而继续前行必须放弃随身的贵重物资和宝贵的资料，还要在食物缺乏、随时有失去生命的危险情况下前进10天。这时退役军人莱恩率先丢弃了所有的随身装备，并和队友们相互鼓励着忍受着寒冷、饥饿和疲劳，不分昼夜地行走，只用了8天的时间就到达了安全地带。

这是一个惊心动魄、生死攸关的有关"放下"的故事，它告诉我们如何正确对待和选择"放下"。而适时的"放下"，则是一种智慧、决心和勇气，会让你更加清醒地审视自身内在的潜力和外界的因素，客观地认识自己和周围的事物，然后才能有缜密的分析和正确的决策。适时地放下，亦是对生命的呵护。

如果一个人执意于自己的追逐与获得，执意于得到拥有时的那份快感，那么就很难走出患得患失的误区，必将会为达到目的而不择手段，甚至走向极端。其实一个人注定不可能在太多领域有所建树，要学以致用，要根据自己的实际，放下那些自己能力以外、精力不及的部分，放下那些不切实际的目标，唯有如此才能从中解脱出来，把握住正确的道路和方向。

其实要想真正放下，倒也不难。只要仔细算一算岁月账、感情账、金钱账和名利账，就会明白金钱名利不过是过眼烟云，而身体、情感和家庭亲情，才更加可贵。说到赚钱，一个人一辈子所需的钱并不太多，而所赚的钱，也基本相同，但你可以用80年"领完"，也可以选择只用40年就花光它，结论一样，过程不同。但一个人的健康失去了，就不会回来；一个人的情感受到伤害，更难以修复。

做人其实不需要很复杂的思想，凡事要随缘，境来不拒，境去不留。也就是说，一个人，只要少些不必要的欲望就会轻松自在；只要随遇而安就能自得其乐；只要放下就能解脱。放下是一种选择，一种智慧，一种明白，亦是一种结局。

而立箴言

打造幸福人生，我们不是要给自己再加上什么，而是要减去一些不必要的负累，很多时候放下就是快乐，简单就是快乐。放下，也许会有遗憾，会有伤感，但是却会让生活的底蕴更加隽永和悠远，让我们生活得更淡定和安然。

你不应该让自己活得太累

每天反反复复地念叨,害怕自己失去这个,得不到那个,要不就是担心明天老板会不会一气之下炒了自己的鱿鱼,担心自己的房贷到时候还不清,担心自己的女朋友有一天突然会跟自己提出分手,原因是你不能给她更多。好了,别想了,这么活着多累啊,李白有句诗说得好:"人生得意须尽欢,莫使金樽空对月。"人生最重要的是快乐,好好把握现在吧,你不应该让自己活得太累。

20 岁的时候你在畅想未来,那么到了 30 岁你在想什么?有人说自己的脑袋里都是烦恼和压力,如果是这样你的生活肯定不会快乐。其实万事都应往好处想想,到了这个岁数你已经奋斗得相当不错了。虽说存款不多,也多少有了几万块钱;虽说爱情不是像想象中那么完美,至少在你需要的时候她一定会陪在你身边;虽说日子过得不是很宽裕,但至少也没有管别人借过一分钱。总而言之,生活每天还是在它的固定轨道上继续着,简简单单最为妙,平平淡淡才是真。有的时候没有必要对自己要求过高,那样会得不到快乐,相反我们应该发扬一下知足者常乐的阿 Q 精神,才不至于让自己活得太累。

活得太累其实是心累。处境不佳用不着痛心疾首,人生又哪来的时时处处都一帆风顺?为上司一个不满意的眼色又何必 5 分钟缓不上气来,在未来的生活中,你有的是表现的机会,何况"铁打的衙门流水的官",这是千古不变的事实。看到别人的业绩突出也不必眼红肚涨，嫉妒有害健康，只要自己尽力而为就行了。想想这些你就会变得坦然。

生活是公平的，对谁都是一样，没有绝对的幸运儿，更没有彻底的倒霉鬼，你有这样的不幸，他还有那样的烦心事；别人有那样的好机会，你还会有这样的好运气。所以，千万别把自己想得那么悲惨，更不要把自己缠绕在自己织的悲观网中，挣脱不出来。

感觉生活太累的人一般都是一些过于敏感者。每说一句话都要考虑别人会怎么看待自己，会不会因为这一句话而伤害某人；每做一件事都要瞻前顾后，生怕因为自己的举动给自己带来不好的影响。工作中，对领导、同事小心翼翼，生活中对朋友万分小心。其实，你的周围有那么多人，而每个人的脾气都不一样，你不可能做到使每个人都满意。即使你处处谨小慎微，还是有人对你有成见。所以只要不违背常情，不违背自己的良心，那么挺起胸膛来做人做事，效果恐怕比那样更好。

感觉活得太累的人往往不能很好地调整自己的心态，每遇不幸之事发生时，不能辩证、乐观地去看待，而是容易对生活产生悲观想法，似乎世界末日就要来临了。哪怕是看电视时看到某地发生了地震，死了许多人，也会紧张得要命，夜里不得安睡，总是疑心地球要爆炸了，说不定哪天自己就要驾鹤西飞了。这不是杞人忧天吗？

如果长此以往，总是让自己生活在心情沉重、感情压抑之中，那将是件非常可怕可悲的事。处处都要考虑得失，时时都要注意不必要的小节，你还有更多的时间去干大事，去成就你的大事业吗？回答当然是否定的。因为你连很小的一件事都要左思右虑，时间就在你的犹豫中溜走了。也许，当你老了的时候，你回过头来会发现自己是那么渺小,两手空空,一事无成。到那时,你也只有"空悲切"了。

人之所以活得累,就是想得太多。身体累不可怕,可怕的是心累。心累就会影响心情,会扭曲心灵,会危及身心健康。其实每个人都有被他人所牵累,被自己所负累的时候,只不过有些人会及时地调整,而有些人却深陷其中不得其乐。在这个充满竞争压力的社会里,生活中有太多的难题和烦恼,要活得一点不累也不现实。不同时代的人有着不同的精神状态,以前,我们的物质生活很贫穷,但精神状态却很好;如今,我们的物质生活提高了,可精神生活却匮乏了。不要逢事就喜欢钻牛角尖儿,让自己背负着沉重的思想包袱,把事情考虑得过分周全,这就造成了我们活得累。

要活得舒心,活得快乐,活得潇洒,就要学会知足,学会随遇而安。知足、随遇而安就是幸福。我们和有钱、有势、有权的人一样,都是人。因为都是人,就没有必要仰人鼻息,笑脸求人!生活毕竟不是演戏,无须用太多的脂粉去涂抹自己,无须戴上"面具"去逢场作戏!想笑就笑,想唱就唱,挣多挣少都心地坦然,活得朴素自然,活得坦坦荡荡。这就是舒心,这就是快乐,这就是潇洒!

既然让自己活得累是件很痛苦的事,既然生命对我们来说又是那么宝贵、那么短暂,我们何不换一种活法,活得轻松、幽默一点,努力去感受生活中的阳光,把阴影抛在后头。即使工作任务很重,也要抽出一点时间来放松一下自己,那样会对你的工作更有益处。

乐观、豁达可以使人信心百倍,即使是天大的困难,也能够克服。人生要活得不累,就需要学着自己逗自己开心,自己让自己快乐。只有这样才能将生活中的美好继续下去,我们才不会对生活感到厌倦。其实生活有着它美丽的色彩，只要你放慢脚步，放松下来，用心去体会，换一种眼光去看待它，就会发现它的另一种美。

人生短暂，我们应该让自己快乐地度过，不管你现在正在经历着什么样的生活，都要相信未来是美好的，而现在，你不应该让自己活得太累。

而立箴言

30 岁的年华，我们有着太多的憧憬，而这些憧憬不应该成为我们生活的负累。人生并不像我们想象中的那么久长，我们应该抓紧时间享受快乐。路就在脚下，你可以选择继续疲惫，也可以选择轻装上阵。我们都已成熟，也知道自己经营人生的不易。不管怎样，给自己一个放松的机会吧，你不应该让自己活得太累。

让生活从此简单下来

我们曾经幻想着自己能天天吃上龙虾，但是却不知道那些真的天天吃龙虾的人心里在渴求什么。我们希望自己有宽敞的别墅，却不知道住在那里的人是不是真的很幸福。其实，人生还是简单点好。天下第一美食，莫过于一碗普普通通的白饭。当我们追逐过、经历过、放弃过以后，从另一种角度重新审视自己的人生；却发现生活最需要的还是"简单"二字。

　　一位 30 岁的成功男士对朋友说："我觉得很累，生活真没劲！刚毕业的时候，什么都没有，但却很快乐。现在什么都有了，但快乐却没了！"这位男士说出了很多同龄人的心声，生活就是这么矛盾，好像拥有得越多，心就越疲惫，既然如此，为什么不让自己生活得简单一点，让你的心自由一点呢？

　　的确，二十几岁的时候我们过着一人吃饱全家不饿的生活。时不时地还可以约上三五好友到酒吧小聚，听着音乐，打着游戏在家里做个悠闲的宅男。跟女朋友在电影院里时而大笑时而哭泣。但是到了 30 岁，一切都似乎发生了改变，一些人已经迈进了婚姻的殿堂，为那些家长里短的事情奔忙，有的即便没有结婚，也在为自己的未来的生活努力筹备着，积攒着自己购房的首付，时刻准备着将房奴的光荣称号戴在自己头上。总而言之，生活在我们的眼中越来越复杂了，以至于我们发出了这样的感叹："想在当今这个社会上生存下来，没那么简单。"

　　那么，真的如此吗？其实生活很简单，只不过我们的心变得越来越复杂了。我们的目标越遥远，脚下的道路就会越艰辛。总而言之，在无数次的复杂思绪中，我们开始怀疑自己是不是个失败者，许多消极思想随之而来，搞得我们悲痛得一发不可收拾，以至于我们忘记了人生中那些美好的日子。难道就这样一直下去？当然不必，其实你只要让自己的生活简单下来，排除内心的那些私心杂念，将目光着眼于现在，不要忧心忡忡，认认真真地过好现在的日子，你就会发现原来生活还是很快乐的。

　　这个世界本来就是多极的，有人喜欢奢华而复杂的生活，有人喜欢简单甚至是返璞归真的生活。当人性中的浮躁逐渐被时间消解了的时候，人们似乎更喜欢简单的生活。这是一种趋势。

不过，人们为了追求简单的生活，往往会付出很大的代价。首先，是精神上或观念上的代价。中国改革开放以来，一些人突然富有起来，但是富起来的人面对眼花缭乱的财富时，就有点手足失措，有些人竭力去追求奢华，似乎想把过去贫困时期的历史欠账找回来。社会学家对这一时期"奢华"的解释是，中国人过去太穷了，"暴吃一顿"也算是一种心理补偿。每个正在发达的社会都会有这一阶段，就是暴发户被大量生产出来的阶段，是一个失去了很多理性的阶段。到了现在，社会理性逐渐恢复，人们对生活和消费也逐渐变得理性。追求简单的生活方式，现在成了一些放弃奢华的人的新选择。

37岁的大卫名校毕业，为人聪明又勤恳，经过十多年努力成为一家世界知名的会计师事务所的业务部门总监，是公司里职位最高的中国人之一。可是去年，他主动选择去另外一个部门当总监。新部门是二线部门，虽然同样是总监，但大卫的职务和薪水比原来低了两级，在公司里的地位也不如原来。

很多人对大卫的选择感到不理解，"你原来做得那么好，高高在上的让所有人羡慕，为什么自己要主动选择后退呢？"对此，大卫有自己的一套理由。

大卫告诉朋友，原来的职位虽然重要，薪水也很高，但是高职高薪是与工作的高压力成正比。"原来，我要经常加班到夜里，就是周末也很少能过一个完整的休息日，平时想跟家人吃顿晚饭的机会都没有。更重要的是，长期夜班导致睡眠不足，工作高压让身体状况变得也不太好。我今年虽然才36岁，但身体好像46岁，常常感到身心俱疲。"

　　换了新工作以后,大卫最明显的感受是,再也不用加班到深夜了。而且二线部门的工作相对轻松很多,对于像大卫这样已经习惯高压工作的人,甚至常常感到不在话下。"我现在每周都有几天能回家吃晚饭,而且也可以和家人过完整的周末了。以前把所有的时间都给了公司,忽略家庭的时间太久了,现在终于有机会弥补一下。帮太太做做家务,给儿子辅导下功课,或者周末和家人一起去郊区放松一下,这种生活真是太好了。另外新工作的压力和以前相比简直不值一提,我甚至感到,现在的工作对于我来说是一种享受。"

　　大卫说,虽然现在的薪水比原来低了两级,但是并没有影响家庭开支,应付日常开销完全没有问题。"可能原来想买 30 万的车,现在改买 20 万的。而且用于投资的钱变少了,但这都不会影响我们的日常生活。再说了,每月少的这些薪水和换来的舒服工作相比,我觉得更值得。"

　　其实生活就是如此简单,换个想法,换一种思路,你就会发现人生别样的精彩。你可以去除那些对你是负担的东西,停止做那些你已觉得无味的事情。这样你就可以拥有更多的时间、更多的自由,在简单的生活中找到属于你的快乐。

而立箴言

　　别再每天夜不能寐地想东想西,告诉自己明天太阳还是会照样升起来,你还是要照样去上班,照样吃午餐,照样回家边洗衣服边上网，天塌不下来，你可以好好地度过一生，没有过分的负担，没有太多的波澜，没有你想象中的纷纷扰扰，但前提是，你要让自己的生活简单下来。

别说休息是在浪费生命

首先注意一点，你不是拼命三郎，就算你是拼命三郎也需要休息。休息是每个人必须去做的一件事情，它不但可以缓解我们身体的疲劳，还可以让我们在精神上得到放松。别说这是在浪费生命，因为工作不是生命的全部，你还有很多艰巨的任务要完成，其中最重要的一项就是要照顾好自己，所以你必须适当休息。

如今这个时代，生活节奏随着工作节奏的加快而越变越快，我们每天到了办公室就开始投入到紧张而有序的工作当中，有的时候喝口水的时间都成为了一种奢侈的享受，我们就在这样忙碌的过程中一天天地生活着。老板总是说，任务很急，要赶快完成，时不时地还会在你的办公室周围绕几圈巡视一番，以至于你觉得，稍事休息是一种罪恶的行为。这时候你俨然把自己当成一台机器，却忘记了为自己增加动力和机油，直到有一天假期来临了，你的日子一下子松弛了下来，却不知道要干什么，这时候，心中突然有了一种这样的感慨："休息，简直就是浪费生命。"

如果你真的对工作充满热忱，如果你觉得在假期也有必要发挥自己的余热，如果你觉得休息是一件没有必要的事情，那么只能说你对自己的身体真的很不负责任。尽管工作方式越来越机械化，但是你一定要记住自己不是机器，就算是机器它也不可能24小时都开着，它也要维修、上油、擦拭。为了自己的身体和心理的健康，休息还是很有必要的，它不是在浪费时间，而是一个修整自己的过程，如果你的生活里没有这个过程，那么总有一天你会因为能量耗尽而失去继续工作的动力。相信这一点吧，国家的法定节假日是很科学的，该休息时休息，该工作时工作，才是作为一个人最正常的生活方式。

约翰·洛克菲勒保持着两项惊人的纪录，他赚了世界上数量最多的钱财，而且还活到了98岁。他的秘诀是什么呢？很简单，一个是遗传，他们家族世代长寿，另一个原因就是他每天中午都要在办公室里睡上半小时的午觉。他就躺在办公室的大沙发上，这时不论是什么重要人物打来的电话，他都不接。

"二战"期间，丘吉尔执政英国的时候已经六七十岁了，但却能每天工作16小时，坚持数年指挥英国作战。他的秘密又在哪里呢？

他每天早晨在床上工作到11点，看报告，发布命令，打电话，甚至在床上举行重要会议，吃过午饭后，再上床午睡1小时。而在8点钟的晚饭前，还要上床去睡上两小时，他根本就不需要去消除疲劳，因为毫无疲劳可言。正是由于这种间断性的经常休息，他才有足够的精力一直工作到深夜。因为人体的结构特殊，所以只要有短短的一点休息时间，就能很快地恢复体力。即使是5分钟的瞌睡，也至少能支持人1小时的精神。

由此可见，作为一个人，不仅身体的疲惫要靠休息来得到放松，精神的紧张同样需要休息来平复。如果这时候，你将自己的休息时间用于繁忙的工作而白白地浪费掉，那么这无异于你对你自己的身体和精神提出了一个巨大的挑战，而在这个挑战面前你绝对是一个失败者，也许你从休息时间里省出了十几分钟来工作，但是在不久的未来，你可能需要用几个小时，甚至更多的时间来偿还，好好算一算吧，千万不要小看休息，它是你生活中的重要组成部分。

下面让我们来看一个有关猴子的实验：

实验者把两只猿猴分别放在两个笼子里，在笼子的底部接上电线，每通一次电，猿猴就要遭到一次很痛苦的打击。随后，实验者在其中的一个笼子中安装上电钮。在通电之前，只要按一下电钮，就能把电流切断。把一只猿猴关进这个笼子后，它很快就学会了使用这一机关。于是，它就在笼子里拼命地按电钮。但是，每次通电并不是按照一定规律进行的。这一点，猿猴却无从知晓。所以，如果它运气好的话，按一下电钮就能避开电击，否则的话，只有遭受痛苦的电击了。而关在另一个笼子里的猿猴却什么也不做。

实验者们通过一段时间的观察，发现有电钮笼子中的猿猴属于管理型的，而另一只则是被管理型的。管理型的猿猴总是拼命想解决那些难以解决的问题。结果，实验持续两周以后，通过检查发现，管理型猿猴的胃里到处都是溃疡，而被管理型猿猴的胃则是完好无损的。

两只猿猴接受的电击量是相等的，它们体验的痛苦也是相等的。虽然，管理型的猿猴拼命躲避电流打击，但它的努力毫无结果。拼命解决那些难以解决的问题，只能给自己造成巨大的精神负担，这就是造成胃溃疡的原因。

今天,我们所处的地位与那只管理型猿猴相似。上级给自己下达了很多必须完成的任务,下级却有许多在短时间内无法解决的困难。因此,工作就不能按想象的那样去进展,这就造成我们整天为自己办事没有效率、工作能力不强等问题苦恼。总考虑这些事,自然心情不佳,精神负担也就越来越重,因此,他们就很可能患病。

长时间的工作而没有调节,绝对有害于人体的健康。当一个人工作太久时,精力就会耗竭,厌烦逐渐侵入,而身体感受到的压力和紧张也会逐渐增加。如果不改变一下工作的步调,很可能就会造成情绪的不稳定、慢性心智衰弱症、心痛、忧烦,以及对一切都感到冷漠等等的毛病。

所以,不要说休息是在浪费自己的生命,因为你的生命需要休息。虽说工作需要激情,但是只有不断地为这份激情提供动力,它才能长长久久地存续下去。因此,该睡觉的时候就去睡吧,该站起来打杯水的时候千万不要客气。该去健身房运动的时候不要以工作太忙为借口。有句广告说得好:"人,就是要对自己好一点。"只有你对自己好一点,你的生活才会对你好一点,你的身体才能对你好一点,你的未来才会对你好一点。

而立箴言

别忙工作忙傻了,忙得连自己的身体都不要了。尽管你觉得努力工作才能有美好的未来,但是没日没夜的工作总有一天会让你没有未来。生命只有一次，还是把它锻炼得更加健康，调理得更加长远为好。不管什么时候，你都要记住，你不是金刚不坏之身，累了的时候别硬挺着，该休息的时候就乖乖地好好休息吧。

如果退避无用，那就迎难而上吧

尽管我们说"挫折是上帝送给人类的一份厚礼"，但是我们仍然希望自己的人生越顺利越好。尽管有句名言叫做"失败是成功之母"，但是我们仍希望自己多成功少失败。但是压力和挫折还是会向我们美好的憧憬发起进攻，如果我们的退避无济于事，那就从现在开始迎难而上吧，让它们尝尝我们的厉害，30 岁男人的拳头还是很硬朗的。

30 岁的男人，难免会遇到这样那样的困惑，内心百感纠结，总希望那些不开心的事情能够快些过去。有的时候我们不愿意接受受挫的现实，一再地退避，躲藏，幻想它是一场梦，当我们重新睁开眼睛的时候，那一切就不存在了。但是现实就是现实，即便我们希望自己的人生之路能走得更顺畅一些，也无法预见到前方是平坦还是坎坷。但遇到困难时如果真的躲不过去，就迎难而上吧。我们都是成熟的男人，在压力和挫折面前方显男儿本色。就算自己将要度过一个漫长的冬季，也要保持来年又是一春的憧憬。不管这条路有多苦，男儿有泪不轻弹，积极地去面对，冷静地去处理，保持一颗淡定平和的心，你就一定可以冲破那些阻碍，找到自己的幸福和快乐。

成功学家尼古拉斯·B·恩克尔曼曾为学员们上过一堂别开生面的成功课。在上课之前，他告诉学员这堂课的主讲人是一位"真正的成功者"。当尼古拉斯把那位先生介绍给学员时，学员们不禁有些失望，这位所谓的"成功者"不过是个退休的老水手。他头发花白，满脸刀刻般的皱纹，靠微薄的退休金生活。如果以金钱和地位衡量，老水手确实不能算是成功人士，不过谁也无法否认他是一位成功的水手。他一生中不知经历过多少生死攸关的时刻，但全都凭着自己的勇气和经验化险为夷，这样的人无疑是值得尊敬的。不管他的航海经验对学员们的成功有没有帮助，至少他们不反对听他讲讲海上的惊险历程。

当老水手谈到海上的风暴时，尼古拉斯问学员们："假设你们就是水手，当你们的船行驶在海上，突然遇到风暴，而你们一时又找不到停靠的港湾，你们会怎么办呢？"一位学员想了想，回答说："我会立即返航，把船头掉转 180 度，尽量远离风暴圈，我想这应该是最安全的方法了。"

老水手听了直摇头："这样更危险，因为你的船不可能快过风暴。掉头返航，风暴还是会追上你的船，你这么做反而延长了你和风暴接触的时间。谁都知道，在风暴圈中待的时间越长就越危险。"

另一位学员说："那么，我把船头向左或向右掉转 90 度，能不能偏离风暴圈呢？"

老水手还是摇头："还是不行，以船的侧面去面对风暴，这样就会增加与风暴圈接触的面积，很容易翻船。"

学员们再也想不出别的办法来了，于是问老水手："既然这些办法都不行，那么你是怎么做的呢？"

老水手说："办法只有一个，就是稳住舵轮，让你的船头迎着风暴前进！只有这样，才能尽量减少与风暴接触的面积，同时由于你的船与风暴相对行驶，两者的速度相加，可以缩短与风暴圈接触的时间。你很快就会冲出风暴圈，重新看到一片阳光明媚的蓝天。"

"这就是成功学理论中最精彩的部分！"尼古拉斯对学员们说，"我们面对的各种压力就像水手面对海上的风暴，当退却和避让都无济于事时，克服它的最好办法就是迎着它前进。"

常言道：长痛不如短痛。当我们遇到一件很棘手而又不得不做的事情时，最好的办法是尽量"缩短与风暴圈接触的时间"。与其长吁短叹、消极沉沦，不如迎难而上，用最快的速度把问题解决。

那么，怎样才能做到这一点呢？一般来说，压力的来源是多方面的，并不是由单一的问题产生的，但是主要的压力源往往只有一两个。因此，我们在处理复杂问题时应该先抓住主要问题，逐一解决。如果眉毛胡子一把抓，很可能越抓越乱，最后反而徒增新的压力。

马克思主义哲学里有一句话说得很经典，那就是"解决主要矛盾"，如果我们抓住了引发困惑和压力的根源，一切都会迎刃而解。有些30岁的男人经常感到压力很重，一想起还有那么多不愿意做的事情在等着自己，脑袋就要涨大发晕了。面对工作，知道怎么做的还好，问题是有些时候，报告文件一箩筐，自己根本不知道先做哪个后做哪个，于是坐在那里开始发呆，只看到眼前的工作堆成了山。其实，事情没有我们想象中的那么复杂，有些文件只需要简单处理就能搞定，而有些也许会相对繁琐复杂一些。与其在那里抱怨，不如现在就理清思路，把好做的做完，不好做的又很重要的给自己20分钟到30分钟的思考时间，这时候你会发现，当你沉着冷静地面对这些曾经认为是不可能完成的工作项目的时候，反而心里会踏实许多。甚至有的时候，当自己把一切事情都搞定的时候，却发现原来下班的时间还没到呢。

一位空军飞行员说，他以前很怕把飞机降落在航空母舰上，因为每样东西都在摇晃：甲板起伏不定，海面上浪花涌动，飞机也在摇摆。要把它们都稳定下来简直不可能。后来一位老飞行员告诉他："降落其实很简单。在甲板中央有个黄色的降落记号，你把那个记号当做唯一固定的东西，除了这个记号，其他任何东西都不必管它，然后对准它一直飞过去就行了。"

这是一句值得借鉴的箴言。只有专心致志才能以最快的速度解决问题。随着问题的解决，问题所带来的压力自然也就消失了。另外，如果你心无旁骛地面对主要问题，其他问题就被你暂时淡忘了，无形中也起到了缓解压力的作用。

所以面对苦难，不要再皱眉头了，因为很多人和你一样都要去面对很多自己不愿意面对的事情。如果有一天，自己退避不了，那就毫不犹豫地迎难而上吧。也许几分钟以后你就会发现，它并非是什么死结，处理起来还是很简单的。

当面对困境的时候，别只想着逃避。因为你已经30岁了，要有独当一面的能力。当遭遇挫折，别只想着退避，因为你已经是个成熟男人，要懂得迎难而上。这个世界上成功的人，都是敢和命运叫板的人，困难再多，也要学会将它们一一摆平。这是成功者的必经之路，没有任何人可以逃避这个过程而提前到达终点。

第五章
30 岁的品位，铸就男人的独特魅力

人们常说男人成熟得晚，到了 30 岁才能孕育出真正的男人味道。要想让自己在人前人后彰显自己独特的男人魅力，首先就要在自己的个人品位上好好下下功夫。作为一个有品位的男人总能在第一时间吸引别人的目光，言谈举止中透着一种从容和自信，即便说不上英俊潇洒也能给人一种莫名的回味。作为一个男人，尤其是一个 30 岁的男人，你的品位非常重要，尽管二十几岁的时候总是爱追求刺激，甚至总想搞出一些怪异举动来证明自己的与众不同，但是现在，你必须要明白，真正的与众不同在于自己对于品位的理解，当高雅的举动配上你淡定的微笑，当你落落大方地出现在你应该出现的每一个角落，那种不平凡的感觉就会在不知不觉间应运而生了。

用随和彰显男人的独特气质

30岁的男人，每天都在想着如何才能向更高的成功迈进，如何才能在人前显示出自己作为一个成熟男人的独特气质。纵览成功人士，尽管他们几经风雨，却总是能带给别人阳光般的笑容。尽管他们家财万贯，却时刻保持着质朴而平易近人的风度。其实，随和对人很重要，如果你希望自己能带给人一种从容而内敛的感觉，就让自己随和起来吧！它不但会给你争得面子，还会给你带来不错的人缘。

有人说，随和就是顺从众议，不固执己见；有人说，随和就是不斤斤计较，为人和蔼；还有人说，随和其实就是傻，就是老好人，就是没有原则。这让我们的内心有些迷茫，究竟随和给我们带来的是晦气还是福气呢？纵观一些有影响、有地位的公众人物，他们都有一个共同的特点：心态随和、平易近人。而与此相对照，非常有趣的是，有时候越是地位卑微的人越是容易发怒暴躁，他们动辄就因一些鸡毛蒜皮的事儿大发雷霆。由此看来，为人随和对一个男人来说真的很重要，它代表着一种成熟，代表着一种从容，也代表着一种品位。

30岁的男人，已经在事业上小有成就，在社会上也有了一些磨砺，不管是在阅历上还是思想上都得到了很大的提高。这时候他们对自己有了更高的要求，那就是真真正正地迈入成功人士的行列，尽管信用卡里的存款有限,尽管自己的房屋贷款还没有还完,但这丝毫不会影响到他们做一个有品位的男人的追求。18岁的逆反,20岁的轻狂,而到了30岁我们更希望自己拥有一些成功人士的特质。有句话是这样说的:"因为懂得,所以释然。"那些成功者之所以能够如此随和自然,如此镇定从容,与他们经历的风雨是分不开的。在他们的脸上刻着荣耀,也刻着往昔的艰难。尽管这一切的一切都已经成为过去,但却在他们的心中打上了烙印。让他们看透了人生的真谛,也从此真心地看待每一个人的人生。

一位曾在酒店行业摸爬滚打多年的老总说:"在经营饭店的过程中,几乎天天都会发生能把你气得半死的事儿。当我在经营饭店并为生计而必须要与人打交道的时候,我心中总是牢记着两件事情,第一件是:绝不能让别人的劣势战胜你的优势;第二件是:每当事情出了差错,或者某人真的使你生气了,你不仅不能大发雷霆,而且还要十分镇静,这样做对你的身心健康是大有好处的。"

一位商界精英说:"在我与别人共同工作的一生中,多少学到了一些东西,其中之一就是,绝不要对一个人喊叫,除非他离得太远,不喊就听不见。即使那样,也要确保让他明白你为什么对他喊叫,对人喊叫在任何时候都是没有价值的,这是我一生的经验。喊叫只能制造不必要的烦恼。"

品位随和的人会成为智者;享受随和的人会成为慧者;拥有随和的人就拥有了一份宝贵的精神财富;善于随和的人,方能悟到随和的分量。要真正做到为人随和,确实得经过一番历练,经过一番自律,经过一番升华。

一个经理向全体职工宣布，从明天起谁也不许迟到，并自己带头。第二天，经理睡过了头，一起床就晚了。他十分沮丧，开车拼命奔向公司，连闯两次红灯，驾照被扣，他气喘吁吁地坐在自己的办公室。营销经理来了，他问："昨天那批货物是否发出去了？"营销经理说："昨天没来得及，今天马上发。"他一拍桌子，严厉训斥了营销经理。营销经理满肚子不愉快地回到了自己的办公室。此时秘书进来了，他问昨天那份文件是否打印完了，秘书说没来得及，今天马上打。营销经理找到了出气的借口，严厉地责骂了秘书。秘书忍气吞声一直到下班，回到家里，发现孩子躺在沙发上看电视，大骂孩子为什么不看书、不写作业。孩子带着极大的不满情绪回到自己的房间，发现猫竟然趴在自己的地毯上，他把猫狠狠地踢了一脚。

这就是愤怒所引起的一系列不良的反应，我们自己恐怕都有过类似的经历，叫做"迁怒于人"。在单位被领导训斥了，工作上遇到了不顺利的事儿，回家对着家人出气。在家同家人发生了不愉快，把家里的东西砸了，又把这种不愉快的情绪带到了工作单位，影响工作的正常进行。甚至可能路上碰到了陌生人，车被刮蹭了一下，就同别人发生口角。更严重的是，发生不愉快之后开车发泄，其后果就更不堪设想了。

作为一个30岁的男人，你一定要明白，愤怒容易坏事儿，还容易伤身。人在强烈愤怒时，其恶劣情绪会致使内分泌发生巨大变化，产生大量的荷尔蒙或其他化学物质，会对人体造成极大的危害。培根说："愤怒就像地雷，碰到任何东西都一同毁灭。"如果你不注意培养自己忍耐、心平气和的性情，一旦碰到"导火线"就暴跳如雷，情绪失控，就会把事情全都搞砸。

常言道：忍一时风平浪静，退一步海阔天空。不必为一些小事而斤斤计较。我们不提倡无原则的让步，但有些事儿也没必要"火上浇油"，那只会使事情更糟，只会破坏你在别人心目中的形象。成功的男人之所以成功的原因之一，就是因为他能够很好地管理自己的情绪，维护自己在人前的良好形象，用自己的随和去化解和别人的纷争与矛盾，用自己的随和去摆平内心的纠结和困惑，这就是他们的高明所在，也是他们的高尚所在。

而立箴言

情绪是内心深处的一种思想情感，但它却往往会被外界的事物所控制，并随之而摇摆不定。作为一个30岁的男人，一个每天都在期盼成功的男人，如果你能够驾驭自己的情绪，随和地去对待身边的每一个人，那么你未来的人生一定会因为你的这一行为而拥有一道亮丽美好的色彩。

把缺憾当成自己前进的动力

我们每一个人都不是完美的，有缺憾是一种必然现象。这也许是先天形成的，也可能是后天锻造的。但无论如何，我们都不能因此而意志消沉。有品位的男人能够很好地与自己的缺憾相处，那是他们前进的动力，也是他们力求自我完善的过程。其实，缺憾并不可怕，它或许可以成为我们的朋友，因为在种种的不完美中，我们总能发现那个真实的自己，而这个真实的自己将引导着我们一步一个台阶地将人生走下去。

老人们常说："人生没有十全十美的。"这话一点都不假，不要说一个人，就是整个世界也绝对找不出一件十全十美的东西。作为一个30岁的男人，当面对自己的缺憾时，你会做出怎样的行动呢？也许一开始的时候你会有一些自卑，甚至还有点急躁，觉得这些缺憾阻碍了自己向更美好的目标靠近，但随着时间的磨砺，一步一步地走向成熟，你就会发现有的时候这些缺憾也没有那么讨厌，它让你活得更加真实了，也让你明白今后的人生道路上还有很多事情需要自己去完善，它是我们的一种人生动力，只要有这种动力的存在，整个人生都将是有意义的。

美国广受爱戴的前总统罗斯福8岁时，他的身体虚弱到了极点，迟钝的目光露着惊讶的神色，牙齿暴露于唇外，不时地喘息着，学校里的老师唤他起来读课文，他便颤巍巍地站起，嘴唇翕张，吐音含糊而不连贯，然后颓然坐下，生气全无，看起来毫无未来可言。而世界上与他同样的儿童不知有多少，大都是这样的神经过敏，如果稍受刺激，情绪便受影响，处处恐惧畏缩，不喜交际，顾影自怜，毫无生趣。但罗斯福并没有向命运屈服，他虽有着天生的缺憾，但同时他也有奋斗的精神，他认定人的信心能克服天生的缺憾，而不为其所屈服。

他是怎么样去克服先天的缺憾的呢？罗斯福总统所用的方法是积极的，而不是消极的，他不静等幸运之神自至，而是努力追求幸运。他毫不气馁于天生的缺憾，绝不怨恨先天的缺憾而使自己愁苦，反而利用它作为成功的基石；他不单单靠喝药水，受注射，或避居山林，遨游海上以恢复健康，还采取积极的锻炼以达到他的目的，他和别的健康孩子一样，活泼地去骑马、划船和做剧烈的运动。他用顽强的意志战胜了他畏怯的天性，用忍耐的精神克服了他先天的不足。他处处以快乐和蔼的态度对待人们，努力纠正自己怕羞、畏缩和不善交际的个性。果然在他入大学之前，他已获得大大的成功，已是一个人们乐于接近、精神饱满、体力充沛的青年了。在假期中，他经常到亚烈拉去追逐野牛，到落矶山狩猎巨熊，以及到非洲大陆去袭击狮子，致使他胜任军队的艰苦生活，带领马队在与西班牙的战争中功绩显赫。

罗斯福总统的成功，不但因为他有刚毅的精神，不为天生的缺憾所屈服，更因为他有自知之明，他深知自己的缺憾，并不自以为聪明、勇敢、强健而稍事放任，他明白哪些方面可以克服，哪些方面应予以因势利导，他自知虚弱、畏怯可以克服，而语言、态度必须因势利导，他学习假嗓音，以便在演讲时运用。他虽然有齿露于外及身躯颤抖等小节未能尽合演讲的技术要求，更没有洪钟般的声音、惊人的辞令，但仍是令人信服的有力量的演说家之一。所以，我们应有自知之明，建立自信。你若不能辨明自己的缺点所在而一意孤行，那就成了被人所讪笑的愚人了。

芝加哥大陆商业银行行长雷诺治说："人的自信心，就是明察自己的长处和短处，人们要想纠正自己的短处，一定先要明白它在什么地方。"自己的缺憾，如果自知其不能除去，不妨把它作为个性的标志，好像商品的商标一样，这话听起来好像很滑稽，其实很有道理。在这一点上罗斯福就是一个典型的例子，他的牙齿和架在他鼻梁上的大眼镜，已经成为了他最鲜明的特质，使人过目不忘。谁能说这不是一件好事，正是这种阳光乐观的心态，让他把自己的缺憾当成了一种动力，也使他成为了一个有品位有地位的优秀男人。

中国古代著名的文学大家苏轼，在仕途失意，官场坎坷时，并不因为自己的壮志未酬而自暴自弃，而是积极地去感悟人生，思考社会，留下了许多著名的篇章。他并没有强迫自己事事顺利和完美，而是懂得了苦难是财富，用自己文学创作上的成就丰富了自己的人生。

缺憾，让完美多了一份亲切与真实，少了一份神秘与高不可攀；缺憾，让不够完美的我们更清醒地认识自我，燃起追求完美的动力与希望。缺憾，成就着完美，缺憾，让完美更加珍贵！

而立箴言

"人有悲欢离合，月有阴晴圆缺。"缺憾是上帝赐给我们的一份礼物，正因为有了它我们才有了不断完善自己的动力。30 岁的男人，要想让自己更快地成熟起来，就一定要学会和自己的缺憾相处，它带给你的不应该是自卑，而是对明天的一种更美好的展望，使你更有勇气向着更高的目标不断前进。

欣赏自己，也是一种成熟的表现

如果有人问你这个世界上你最欣赏的人是谁，你又会怎么回答呢？或许在你心里有很多自己崇拜的偶像，或许你认为与他们相比自己是微不足道的。但是，作为一个即将或已经迈入 30 岁的男人来说，还是留几分钟好好地欣赏一下自己吧！这种行为，不是自恋，而是一种自我的激励，一种从稚嫩走向成熟的表现。

30 岁的男人不能总是躲在自卑的角落，否则你将错过很多改变人生的机会，相反我们应该拿出一点时间来好好地欣赏一下自己，搞清楚自己的优点在哪里，更擅长什么。只有这样我们才会以更准确的奋斗目标，在这条人生道路上彰显自己的成熟本色。有的时候，欣赏自己是一种有内涵的表现，如果连你自己都不知道自己的优点在哪里，又怎么能赢得别人的欣赏呢？

欣赏自己，没有超凡的聪颖，却不乏执著和勤奋；欣赏自己，在钦佩别人的时候，始终没有忘却自我的坐标；欣赏自己，在挫折面前没有叹息和抱怨，只有更加奋然前进的勇气；欣赏自己，为了明天的辉煌孜孜不倦地进取，为了自己的每一点亮点而鼓掌欢呼，为自己每一份独特的优秀而自豪放歌。

欣赏自己，就是一种自信的表现，是一种拥有强烈自尊的表现，是一种拼搏不息的自强和鲜明的自爱；欣赏自己，欣赏那"少年壮志不言愁"的乐观，那学海中乘风破浪的蓬勃朝气和赛场上那不甘落后的飒爽英姿。

其实，欣赏自己，更多的是一种自我肯定，但绝不是那种自以为是的孤芳自赏，更不是欣赏自己的缺点与错误；欣赏自己，是把生活的信心重新带进生活，把一串串美丽的梦想变成神奇的现实，把一个个平淡的日子装扮得五彩缤纷。

有这样一则小寓言故事：

一个渔夫从海里捕到一颗珍珠，他欣喜若狂。可回到家里一看，发现珍珠上有一个小黑点。渔夫觉得很不舒服，他想，如能将小黑点去掉，珍珠将变得完美无瑕，肯定会成为无价之宝。

渔夫决定后便找出工具来开始去黑点，可剥掉一层，黑点仍在，再剥掉一层，黑点还在，剥到最后，黑点没了，珍珠也不复存在了。

世界并不完美，一个人也不可能十全十美。当发现自己的缺点之后，重要的是坦然面对，去寻找自己的长处。男人更是如此。若想时刻保持自信，那么就要学会欣赏自己，时时看到自己的长处。

科林长相一般，外表没有丝毫的吸引人之处。为了改变自己的命运，他毅然报考成人教育。苦心终于没有白费，科林如愿了。但他在同学中一点儿也不起眼，为此，他的自卑感很强。眼见同学一个个成家立业，他心情日渐忧郁，上课时也总是无精打采的，他觉得生活对自己来说毫无值得留恋之处，于是便想跳河自杀。一位老者刚好路过，救了他，对他说："人有两条命，一条是属于你自己的，刚才你已经自杀捐弃了；还有一条是属于众生的，愿你加倍珍惜这一条生命。"科林听完,笑了。

老者觉得他的笑很有魅力,于是赞美了他一番。老者说:"每个人都不可能是完美的,你要看到自己的长处。你总是觉得自己不够漂亮,但今天你笑起来的时候却显得很好看。"

科林一听很高兴,从此他笑脸常开,觉得生活也突然变得丰富多彩起来。后来他成了一名著名的节目主持人。

欣赏自己,就要把自己涂抹成一首诗。怎么解读你,那是别人的事情:有人喜欢,那是因为他的心灵可以与你共鸣;有人厌恶,那也正常,那是因为他还缺乏品味你的知识素养。只要你充满真诚,相信越来越多的人能发现你语言里包涵的隽永。

欣赏自己,就可以清醒地认识自己。虽说"旁观者清,当局者迷",但只要静下心来想想,这世界上,每个人都有一摊子自己绕不开玩不转的事,谁还有那么多的精力来"关注"你。只要你细心琢磨就会发现:每个人对自己的思想、动机、行为等等是最熟悉的。要持久地欣赏自己,你就得不断地完善自己,使自己朝着自己向往的理想大踏步行进!

卡耐基先生说过:"发现你自己,你就是你。记住,地球上没有和你一样的人。在这个世界上,你是一种独特的存在。你只能以自己的方式绘画。你的遗传、经验、环境造就了你,不论好坏与否,你只能耕耘自己的小园地;不论好坏与否,你只能在生命的乐章中奏出自己的音符。"

每个人都既有优点,又有缺点,有不足的地方,我们应该懂得接受自己,欣赏自己,等我们自己有了良好的感觉后,才能自信地与人交往，才能出色地发挥自己的才能与潜力。所以我们应该相信自己，发现自己更多的长处，更加欣赏自己。

欣赏自己是一种成熟，它会让你的心胸变得更加豁达。在这个世界上，最能左右自己心境的人其实还是自己。人生在世，草木一秋。只有能够真正做到心平气和，才会叫每一个平淡的日子慢慢地生动起来，让阳光时时温暖自己的心窝。才会头脑清醒地去审视自己，才会把一些名利得失看成过眼云烟，才会去干自己想干也能干的事情。

而立箴言

我们总是欣赏别人，挑剔自己，总是在种种诱惑、种种挫伤之后，把自己修剪成别人喜爱的模样，而从不给自己一点安慰，一点鼓励，没有心思去欣赏自己。30 岁的男人应改变这种现象，要想成就自己的品位，首先要学会对自己微笑，当这种对自己的欣赏发自内心的表现出来时，快乐和喜悦的生活就会在不知不觉中走进你的世界。

果断和魄力，铸就男人的独特韵味

在很多女人眼中，一个行为果断，做事有魄力的男人是最有吸引力的。人到三十，作为一个男人，我们经常要在很多问题上为自己作决定,而不是依赖于身边的任何一个人。这时候果断和魄力就显得尤为重要,它们可以帮助你抓住身边的机遇,可以让你感受到成功的喜悦,更重要的是,它们会在不知不觉中把你打造成一个自己一直向往的具有高品位的男人。

从某种角度来说,行为果断,做事有魄力的男人,总是能赢得别人的钦佩和赞许。其实这些还不是最重要的,重要的是他们已经可以成熟地思考问题,做好自己生命中的每一个决定。作为一个男人,往往会给自己定下很高的目标和理想,但是想把这一切变成现实又谈何容易。不管道路是顺畅还是曲折,我们总会遇到一些人生的转机,这时候是前进还是后退,有些人还是会很迷茫的,进怕是个陷阱,退又心有不甘,可人生总不能就在这种模棱两可中度过,我们需要沉着的思考,但也同样需要果敢地做出抉择。有句话说得好:"机不可失,时不再来。"作为一个30的男人,你必须锻炼自己解决这类问题的能力,而不是总将希望寄托于别人,否则你将会失去自己的品位、尊严,甚至危及到自己将来的前程。

曾经有一位在著名公司担任要职的先生,在工作方面一直非常努力,参加工作以来,一直在自己的岗位上十分投入、也很卖力,期间还曾因为成绩突出,而深受上级的赏识,但是,好景不长,再他终于获得了升职机会以后,为了保住自己的位子,他在工作上开始犹豫不决,优柔寡断起来。生怕哪一步走错了,给自己将来的发展空间带来不利的后果。

慢慢的,很多需要他即刻做出决定的问题在他案头堆积成山,这倒不是因为他办事效率低，而是有些问题他总是拿不定主意，便希望放一段时间，等事态更明朗一些再作决定。所以，许多需要解决的、十万火急的问题就渐渐地在他的案头沉淀了下来，老板和同事在看待他的工作时，眼中都有了异色，觉得他干事拖拖踏踏，一点干脆利落劲儿都没有。他为此感到很困扰和痛苦，导致夜不能寐，烦躁不安，工作效率也开始下降。无疑，这种情况更加重了他的担心和恐惧，慢慢地当面对未解决的问题时，他感到更加左右为难，难以做出正确的抉择。

当然其中最令他觉得心理不平衡的是，他办事的出发点是想再等等看，观察事情有何变化后再作决定，没想到，大家对他的评价竟是优柔寡断。虽然他从不担心会把事情搞糟，但是，有时候他也会担心没有把事情做得更好。

就这样，他一旦发觉自己某方面的工作有可能做得不尽人意时，就焦虑不安、犹豫不决，久而久之，前怕狼后怕虎的状态便出现了，在他的身上早已将不见了年轻人的那种"初生牛犊不怕虎"的气势，事业走下坡路是必然的，焦虑症状产生了，各种身体的不适也随之表现出来，一连串的生理、心理疾病就不免产生了。

这位先生犯的错误是典型的优柔寡断，尽管他很想把事情做好，却由于自己在关键时刻不能果断地做出判断和选择而使自己的事业呈现了直线下降的趋势。在这个瞬息万变的现代社会，机会是稍纵即逝的，所谓"机不可失，时不再来"就是这个道理，而他在等待与拖延中极有可能白白错过机会。更何况，公司的工作有一定的流程与安排，他的这种解决问题的方式的确会产生危机。

话说到这里又想起了这样一个故事：

有一个 6 岁的小男孩，一天在外面玩耍时，发现一个鸟巢被风从树上吹落了下来，从里面滚出一个嗷嗷待哺的小麻雀。小男孩决定把它带回家喂养。

当他带着鸟巢走进家门口的时候，他突然想到妈妈不允许在家养小动物。于是，他轻轻地把小麻雀放到门口，急着走进屋去请求妈妈。在他的哀求下妈妈终于答应了他的要求。

小男孩兴奋地跑到门口，不料小麻雀已经不见了，他看见一只黑猫正在意犹未尽地舔着嘴巴，小男孩为此伤心了很久。但他从此记住了一个教训：只要是自己认准的事情，决不可以优柔寡断。这个小男孩长大后成就了一番事业。

墙头草般左右不定的人，无论他在其他方面有多强大，在生命的竞赛中，他总是容易被那些坚持自己的意志且永不动摇的人挤到一边，因为后者明白自己想要做什么并立刻着手去做。甚至可以这样说，连最睿智的头脑都要让位于果敢的判断力。毕竟，站在河的此岸犹豫不决的人，是永远不会登陆彼岸的。

数不胜数的成功者就是因为在某个关键点上，冒着巨大的风险，快速地做出决定，从而彻底地改变了自己的人生境遇，彰显了自己的魅力。而成千上万的人之所以在生命的战场上溃败而归，仅仅是因为耽搁和延误。

古人云：机不可失，时不再来。做事情有时杂念太多反而会使自己分心，反而会使自己犹豫不决，影响自己的判断力。做事情就要对自己不怀疑，要相信自己，要对自己充满信心，想好了看准了就要行动。当机遇来时更要审时度势，果断决策，否则会痛失良机，悔之晚矣。

而立箴言

　　常常听别人说："做男人就要有魄力。"这话说得很真实。作为一个男人，如果总是唯唯诺诺，连自己的事情都决定不了，又何谈为他所爱的人遮风挡雨呢？30 岁的年龄，30 岁的成熟，让我们抓住机遇，勇敢地为自己做出选择吧，相信你的未来会因为你的果断而精彩，因为你的魄力而辉煌。

忘却是一种超凡的洒脱

　　人生不一定永远充满欢歌笑语，有时也会经历一些失落和伤感。不管曾经的经历带给你多少荣耀，多少艰辛，它们终将都会载入你人生的历史。作为一个 30 岁的男人，我们要学会忘记，忘记曾经的纷纷扰扰，认认真真地过好现在的每一分每一秒。有些记忆值得封存在自己的心里，而有些则应该随着时间渐渐忘却，这是一种超凡的洒脱，也是成就自己人生的另一种完美。

　　人到 30 岁的时候不免有的时候还会想想过去，念书的那段时光，职场摔打的那些日子，还有自己第一次遇到心爱女孩儿的情景，甚至还有第一次施恩于人的情景。尽管每个人的故事都是有所不同的，但这一切多多少少都会给我们带来一些欢乐和忧伤，甚至有些痛苦，至今都会记忆犹新，有时甚至对某些事耿耿于怀。是的，每个人都有着自己不同的回忆，但当我们真真正正走向成熟的时候，还是应该试着去忘却那些令我们不快乐的事情。只有这样，你的人生才不会有那么多的负累，你才会活得更轻松，更洒脱。

人生中，不如意事占十之八九。忘却，对痛苦来说是一种解脱，对疲惫来说是一种宽慰，对自我来说是一种升华。因为忘记了忧愁，也就没有了忧愁，可以舒展紧皱的眉，担忧的脸。平日里所有的不公平，所有的不快乐都会随忘记而远去，人就会变得明朗了，好像被乌云掩盖的天，突然湛蓝了起来。忘记了憎恨，也就远离了憎恨。当心灵不为憎恨所蒙蔽，当所有的一切变成过眼云烟，人就会整个地轻松起来，宽恕了别人也解救了自己。忘记了痛苦的情和爱，也就忘记了一切不愿意记忆的东西。当为爱一个人而苦苦挣扎的时候，当为了一段感情而无奈彷徨的时候，忽然的忘却该是多么大的一种幸福。除此之外，我们是不是还应该忘记对别人的恩情，尽管当时付出了很多，尽管对方没有对你表示出应有的感谢，但我们也没有必要天天把自己做出的那点贡献挂在嘴边，有的时候沉默是金，把它当做自己人生中的一项普普通通的经历，我们生活的才会更加平静，更加释然。

著名成功学家拿破仑·希尔有过这样的描述：

我曾开办过一个非常大的成人教育机构，在很多城市里都有分部，在管理费用上的投资非常大。我当时因为工作繁忙，没有精力和时间去管理财务问题，但也没有授权让任何人来管理各项收支。过了一段时间，我惊奇地发现，虽然我们投入非常多，但却没有得到相应的利润。我经过一番认真的思考后，决定从两个方面来进行改变：

第一，我应该用足够的勇气和智慧忘掉一切，就像黑人科学家乔治·华盛顿·卡佛尔做的那样，他承受住了将自己毕生的积蓄从银行账户转给别人的打击。

当有人问他是否知道自己已经破产时，他回答说："是的，也许像你所说。"然后继续做自己喜欢做的事情。

他把这笔损失从他的记忆里抹掉，以后再也没有提起过。

第二，我应当做的另一件事就是把自己失败的原因找出来，记住惨痛的教训，然后从中学到一些有用的经验。

但是说实话，这两件事我一样也没有做，相反地，我却沉浸在经常性的忧虑与痛苦中。一连好几个月我都恍恍惚惚的，睡不好，体重也减轻了很多，不但没有从这次失败中学到教训，反而接着又犯了同一个错误。

对我来说，要承认以前这种愚蠢的行为，实在是一件很为难的事。我早就发现："去指挥、教导20个人怎么做，比自己一个人真正去做要容易多了。"

曾教过我生理课的一位老教授给了我最有意义的一课，我为此受益终生。

那时我才十几岁，但是我好像常常为很多事发愁。我常常为自已犯过的错误而哀叹不已，考完试以后，我常常会在半夜里睡不着，总是担心自己考不及格。追悔我做过的那些事情，后悔当初那样做。我总爱反思我说过的一些话，总希望当时能把那些话说得更好。

一天早上，我们全班到了科学实验室，教授把一瓶牛奶放在桌子边上。我们都坐着，望着那瓶牛奶，不知道牛奶跟生理卫生课有什么关系。然后，教授突然站了起来，看似不小心似的一碰，把那瓶牛奶打翻在地。然后，他在黑板上写道："不要为打翻了的牛奶而哭泣。"

"好好地看一看，"教授叫我们所有的人仔细看看那瓶被打翻的牛奶，"我要你们永远都记住这一刻，这瓶牛奶已经没有了，它都漏光了。无论你怎么着急、怎么抱怨，都没有办法再收回一滴奶。我们现在所能做的，只是把它忘掉，丢开这件事情，只注意下一件事。"

我早已忘了我所学过的几何和拉丁文，这短短的一课却让我记忆犹新。后来，我发现这件事在实际生活中所教给我的，比我在高中读了那么多年书所学到的都有意义。它教我懂得：尽量不要打翻牛奶，但当它已经漏光了的时候，就要彻底把这件事情忘掉。

心理学家柏格森说："脑子的作用不仅仅是帮助我们记忆，而且也帮助我们忘却。"其用意就在于提醒人们，要不停地对自己的情绪进行调整，懂得忘却过去的失败与不愉快之事，忘记曾经的荣誉和与人的恩德，忘记昔日的潇洒和昨天的成功，不管以前是失去的多，还是得到的多，认认真真走好眼前的路，用心去经营好自己的未来才是崔重要的。忘却是人生的一种智慧，昨天的必竟过去了，不会再回来了，明天如何还是将来，无法预知，而需要我们珍惜的只能是今天，人生就那么几十年，分分秒秒赛黄金！为什么我们不能宽宏坦荡地对待我们自己，对待我们短暂的人生呢？

而立箴言

忘却代表着不愉快的事情离你远去，忘却代表着你明天将有一个新的开始。忘却会帮助我们走向人生的平静，忘却也能带给我们更多的憧憬和面对人生的释然。30岁的年纪，不算大，也不算小，但绝对算是成熟了，尝试着忘记吧，让我们将这种超凡的洒脱进行到底。

责任感，最受人关注的男性魅力

男人天生就对这个社会承担者一种莫名的责任，在别人看来一个勇于承担责任的男人身上总是围绕着一种耀眼的光环。他们可以用这份责任感征服整个世界，同时也会征服那个自己所爱的女人。作为一个30岁的男人，一定要了解责任感对自己的重要性。因为它代表着男人的独特韵味，也是一个男人必须去承担的时代重任。

当我们还未成熟的时候，也许父亲总会对我们这样说："男人就要有个男人的样子，要担起自己身上的那份担子。"这里说的"担子"就是作为一个男人的责任感。男人要对社会负责，因为他们是社会的公民，男人要对家庭负责，因为他们是家庭的脊梁，男人要对自己心爱的女人负责，因为有一天他必将成为这个女人唯一的依靠。由此看来做男人还是很不容易的，30 岁的男人，正是闯荡事业的时候，他们是社会的中流砥柱，承载着家庭和社会的梦想和期待，所以要想成为这个时代的佼佼者，就一定要明白自己肩负的使命和责任，只有这样才能向成功不断迈进，才能展现出自己作为一个男人的刚毅之美。

一位名人查尔斯英国王储曾经说过："这个世界上有许多你不得不去做的事，这就是责任。"责任不是一个甜美的字眼，它仅有的是岩石般的冷峻。一个人真正地成为社会一分子的时候，责任作为一份成年的礼物已不知不觉地降落在他的背上。它是一个你时时不得不付出一切去呵护的孩子，而它给予你的，往往只是灵魂与肉体上感到的痛苦，这样的一个十字架，我们为什么要背负呢？因为它最终带给你的是人类的珍宝，那就是人格的伟大。

面对社会的压力，许多人被压弯了脊梁骨，他们只能书写出一个扭曲的"人"字，而只有敢于承担责任的男人才能够昂首挺胸地写下那个顶天立地的"人"字，因为他们懂得，"人"字的结构就是相互支撑，而人的责任感则是人格的基点。

曾经荣获普利策奖的詹姆斯·赖斯顿是在第二次世界大战期间应聘到《纽约时报》工作的，在此之前，他在伦敦工作了一段时间。

他亲历了德国纳粹分子对伦敦进行的狂轰滥炸。詹姆斯·赖斯顿孤身一人在战火纷飞的伦敦工作，他非常想念妻子和3岁的儿子。在给儿子的信中，詹姆斯这样写道：

"我周围这些生活在紧张之中的人们，都有很强烈的责任感。他们更具爱心，做事更多地为他人考虑，与此同时，他们也日益坚强起来。他们在为超越他们自身的理想而作战。我觉得那也是你应该为之而努力的理想。

"我想向你强调的就是，一个人必须承担他应该承担的责任。这场战争爆发于一个不负责任的年代。我们英国人在本世纪第一次世界大战要结束的时候，并没有承担自己的责任。当这个世界需要我们把理想的种子广为播撒的时候，我们却退却了……

"因此，我请求你接受你自己的责任——把英国创建者的梦想变为现实，为着生你养你的这个国家的前途而努力奋斗……简朴人生，勿忘责任。"

詹姆斯告诫儿子，作为国家的一员，他要背负起为国家的前途而努力奋斗的责任。

责任的存在，是上天留给世人的一种考验，许多人通不过这场考验，逃匿了。许多人承受了，自己戴上了荆冠。逃匿的人随着时间消逝了，没有在世界上留下一点痕迹。承受的人也会消逝，但他们仍然活着，死了也仍然活着，精神使他们不朽。

相信你一定知道"国家兴亡，匹夫有责"的道理。不仅如此，在这个社会中，我们每个男人都需要承担那些属于自己的责任。正因为有了责任，我们才能在漫长的人生旅途中挫而不败，坚强而又倔强地迈过每一道艰难的门槛;也正因为我们坚信责任的力量,才能在每一次精彩的收获之后坦然而谦恭,不断地追求着一个个积极的目标。

再来看看这样一个故事:

某公司要裁员,下岗名单公布了,有内勤部的王威和朱军,规定一个月后离岗。那天,大伙看他俩都小心翼翼地,更不敢多说一句话。因为他俩的眼圈都红红的,这事摊到谁头上都难以接受。

第二天上班,王威心里憋气,情绪仍然很激动,什么也干不下去,一会找同事哭诉,一会找主任伸冤,什么定盒饭、传送文件、收发信件这些他应该干的活,全扔在了一边,别人只好替他干。

而朱军呢,他也哭了一个晚上,可是难过归难过,离走还有一个月呢,工作总不能不做,于是他默默地打开电脑,拉开键盘,继续打文稿、通知。同事们知道他要下岗,不好意思再找他打字了。他特地和大家打招呼,主动揽活。他说:"是福不是祸,是祸躲不过,反正也就这样了,不如好好干完这个月,以后想给你们干都没机会了。"于是,同事们又像从前一样,"朱军,把这个打出来,快点儿!""朱军,快把这个传出去!"朱军总是连声答应,手指飞快地点击着,辛勤地复印着,随叫随到,坚守着他的岗位,坚守着他的职责。一个月后,王威如期下岗,而朱军却被从裁员的名单中删除,留了下来。主任当众宣布了老总的话:"朱军的岗位谁也无法代替,像朱军这样的员工公司永远也不会嫌多!"

对一个男人来说,失败并不可怕,可怕的是没有责任心,遇到困难时竞相推诿。在一个团队中,如果成员都能从大局出发,主动承担责任，就会为领导者创造更多的主动和更大的回旋余地，为解决问题提供更多的机会，进而扭转局面。

总而言之，因为责任，你将更加成熟。那些愿意承担责任的男人，永远是这个社会上最优秀的代表。他们不断地要求着自己，不断地向着自己的目标努力，同时也不断地成功着，惊喜着，完善着。从此以后他们的思想开始与众不同，他们的世界翻开了一篇精彩的乐章。

而立箴言

谈到责任很多人都会觉得它很沉重，但这确实是我们每一个人必须肩负的使命，做为一个30岁的男人，你一定要给身边的人一分安定的感觉，这种感觉来源于你的责任，来源于你对自己工作的热忱，来源于你对自己身边所有人的关爱。好好珍惜这份责任感吧，它将会成就你最具魅力的男性形象。

记住，你在为自己而活

"天外有天，人外有人"，你认为自己很优秀，搞不好哪一天会遇到比自己更优秀的人。你认为自己很有钱，没准儿哪一天迎面会碰上一个千亿富翁。这时候有些人心里开始不爽，心里想，我一定要比他们强，一定要过上比他们还奢华的生活。细细想来这又何必，30 岁的你，不要再发小孩儿脾气了，不管什么时候，遇到什么样的事情，你都要记住："你在为自己而活。"

30 岁的你，已经越发地成熟内敛。但心中那颗争强好胜的心还在潜移默化地影响着你，每当你看到有人过得比自己好，有人学问比自己高，有人收入比自己多的时候，内心总是有那么一点不快的感觉。尽管你试着说服自己，别人的生活永远是别人的，可那种想比别人过得好的冲动，总是在无形中折磨着你，使你内心总有着与对方一攀高下的纠结。当面对这些事情的时候，我们应该怎么办呢？总不能今天别人买了条名牌领带，明天自己就必须喷上名贵香水，今天别人开了一辆自己的私家车，明天你就要拿奔驰座驾停在它的旁边。如果是这样，那你的生活一定会很痛苦，一方面自己在经济和能力上有限，另一方面这种攀比之心还可能让你因为急于求成而走向那些充满诱惑的陷阱。

一些男人坦言，最害怕去参加同学会，因为现在的同学会简直就是"攀比会"：比事业、比地位、比房子、比车子、比银子、比妻子……于是，他们越比越急、越比越累，老实说，这种烦恼都是自找的，放下攀比之心，你的生活一定会轻松很多。

尽管我们都知道人比人，气死人的道理，可在生活中，我们还是要将自己与周围环境中的各色人物进行比较，比得过的便心满意足，比不过的便在那儿生闷气、发脾气，其实这都是我们的攀比之心在作怪，说白了还是虚荣心在作怪。

有这种心理的人，会将别人的什么东西都拿来与自己的进行比较：家里住多大的房子、有什么样的车子、配偶长什么样、花钱的派头、地板砖的质料、孩子的学习，当然更多的就是比谁家住的、吃的、用的、玩的更阔气！

北魏时期，河间王琛家中非常阔绰，常常与北魏的皇族高阳进行攀比，要一决高低。王琛家中珍宝、玉器、古玩、绫罗、绸缎、锦绣，无奇不有。有一次王琛对皇族元融说："不恨我不见石崇，恨石崇不见我！"而石崇本身就是一个又富贵又爱攀比的人。

元融回家后闷闷不乐，恨自己不及王琛财宝多，竟然忧虑成病，对来探问他的人说："原来我以为只有高阳一人比我富有，谁知道王琛也比我富有，唉！"

还是这个元融，在一次赏赐中，太后让百官任意取绢，谁拿得动，这绢就属于谁。这个元融，居然扛得太多致使自己跌倒伤了脚，太后看到这种情景便不给他绢了，当时，被人们引为笑谈。

人生在世，但凡是个正常的人，多少都有些虚荣，虚荣本来无可厚非，但虚荣过火之时便是让人讨厌之时。攀比就是因过度虚荣而表现出来的一种让人讨厌的性格特征。

几十年前，《巴尔的摩哲人》的编辑亨利·曼肯说过，财富就是你比妻子的妹夫多挣 100 美元。行为经济学家说，我们越来越富，但是体会不到幸福，部分原因是，我们总拿自己与那些物质条件更好的人相比。一位大学教授说，你是愿意自己挣 11 万美元，其他人挣 20 万美元，还是愿意自己挣 10 万美元，而别人只挣 8.5 万美元呢？大部分的美国人选择了后者。由此看来很多人都抱有着一种不正当的攀比之心，不希望别人过得比自己好，这也许是一种自私，但同时也是一种无知。其实别人的生活与我们并没有什么太大的关系，过好自己的日子，找到属于自己的发展之路才是我们首先必须面对的问题。如果要比，应在事业、奉献、学习、责任心、道德、品位等方面去比，这才是正当之路。

拒绝攀比的心理，因为它会让你迷失本性。我们都有这样的心理，无论做什么，得什么都要拿来和别人比，这样比来比去，烦恼就会乘机来袭。所以要经常提醒自己所拥有的都是最适合的，不要只看见别人拥有的，因为别人的不一定是适合自己的。

命运给每个人的都是公平的，不会给哪个人太多。如果有了攀比的心理，就永远不会感知到自己的幸福，因为人的幸福与否是取决于心理的，所以不要和别人比，要和自己比。

其实，人每天的时间和精力都是有限的，应该用充沛的精力在有效的时间内做最有意义的事情，任何负面的想法和做法都是在浪费时间和精力，经常浪费时间和精力的结果就是生活不如意，身体不健康，有句话也说选择比努力更重要，所以人们都应该选择健康的、积极的、热诚的、团结友爱的、充满爱心的生活态度，再加上勤奋和努力就会有好的结果。享受结果带给自己的快乐，不要和别人的结果去比较，除非你有一种即使比较了也能心平气和的心态。千万不可以对比你强的人心生妒意，恶言诽谤，更不可以自暴自弃，因为别人拥有的就是别人的，和自己一点关系都没有。所以端正自己的观念吧，看过别人以后还要着眼于脚下的路，不管别人正在经历着什么，你还是你，你要为自己而快乐地活着。

每个人在这个世界中都是一朵独一无二的美丽花朵。每一朵鲜花都以自己独特的姿态展现在人们的面前。不但像其他花一样的美丽，而且还有一种属于自己的独特韵味。这样的花更加讨人喜欢。作为一个男人，如果你想绽放出自己独特的魅力，就认认真真地经营好自己的生活吧！不要总是关注外面的风景，因为你有你的骄傲。脚踏实地地去做自己，才能赢得属于自己的那份成功与辉煌。

给自己树立一个高品位的梦想

每个人的心中都有着属于自己的梦想，这些梦想有近有远，有高有低，主要原因就在于我们每个人个人经历的不同，所处环境的不同，从而个人品位也就存在着较多的差异。作为一个 30 岁的男人，一个追求品位和梦想的人，一定要在心里给自己的梦想留一个位置。它不是不切合实际的，它必须经过艰苦的努力而能获得，也许这就是我们每个人都渴望得到的成就感吧。

小时候我们的梦想也许仅仅是吃一个又红又大的苹果，但是随着年龄的增长，我们的梦想不仅仅只有一个苹果那么简单。人到了 30 岁这个年纪，可以说已经向成熟跨越了一大步，我们每天都在规划着自己的人生。规划着自己的未来，期望着自己一个又一个的梦想能够得以实现。这时候我们必须思考一个问题，梦想和品位之间究竟有没有什么必然的联系，如果没有，为什么那些成功人士大都有崇尚的品位，如果有，自己又该如何把自己打造成一个高品位高素质的成功者呢？在解答这个问题之前还是让我们来看看下面这个故事：

3 个工人在砌一堵墙。

有人过来问："你们在干什么？"

第一个人没好气地说："没看见吗？我们在砌墙。"

第二个人抬头笑了笑，说："我们在盖一幢高楼。"

第三个人边干边哼着歌，他的笑容很灿烂："我们正在建设一座城市。"

10 年后，第一个人换了另一个工地，不过还是砌墙；第二个人坐在办公室里画图纸，他成了工程师；第三个人呢，是前两个人的老板。

3 个有着同样起点的人对相同问题的不同回答，显示了他们不同的人生品位。10 年后还在砌墙的那位胸无大志，当上工程师的那位理想比较现实，成为老板的那位却志存高远。最终，他们的人生品位决定了他们的命运：品位越高，走得越远，品位较低的人只有被动地接受命运的安排。

做任何事，都不会一帆风顺，总要面临挫折，面临艰难的选择。这就要求不管出现什么情况，你都要以崇高的品位来审视眼前的路，从长远的角度给自己定好位。同时，有品位、有思想的男人总是能预见未来。因此，要想成功就不能拘泥于现状，要扩展自己的思想领域，你必须要比别人更深入地看到问题和未来的趋势，预见未来增加的价值，确定你的远大理想，把自己造就成伟大的人物。

许佳有两个学建筑学的朋友，一个朋友真心喜欢建筑学，到美国华盛顿大学去深造。他到美国学建筑学的目的，就是为了以后回到中国来工作，因为他知道中国的地产业红火。3年后，他回到中国，现在在某个有名的建筑公司成为了一位非常著名的建筑设计师，年薪上百万元人民币，非常成功。

而许佳的另一个朋友也是学建筑学的，他学建筑学的目的是留居美国。他在国内学的就是建筑学，而且是毕业于中国知名的建筑学院。在美国学完建筑学出来可能找不到工作，而当时刚好是美国的电脑行业非常热的时候，学建筑学的他改成学网络是比较容易的，因为他本身在学建筑的时候就接触过，因此他就改学了网络，而且是自费。他想，反正他学完两年网络以后出来，就能找到至少5万美元年薪的工作，因此他学得很认真，也学得确实不错。但毕竟是半路出家，跟真正学电脑专业的人相比还是有差距的。结果等到他毕业的时候，又遇到了美国网络经济泡沫。这个时候，大批的专业网络人员都由于竞争激烈而离职了，更何况他还是半路出家学网络的。因此，一年半过去了，他也没有找到工作，但是他还是想留在美国，所以现在不得不靠在饭馆打工来维持自己的生活。当他在美国找不到工作的时候，他曾经跟许佳讨论过，要不要重新回学校再去学建筑学。结果他发现，已经是不可能的事了。理由很简单，两三年已经过去，他在建筑学领域已经变成落后分子了。

对于任何一个男人来说，人生理想的确立和其价值观、前途、兴趣是密切相关的。在定位目标的时候，你可以有暂时的功利性，但是，这个暂时的功利性，要跟你的职业发展相结合。要考虑长远，要有预见性。具体地说，在设定目标时，要把近期目标与长远目标结合起来。要基于自身的能力、发展潜力和社会经济发展的趋势，勾画出自己职业生涯的长期目标，使它具有"未来预期"、"宏观综合"、"人生理想"、"发展方向"、"引导短期"和"自身可变"的性质。长期目标一般为 10 年、20 年、30 年，是短期和近期目标所追求的最终目标。

其实，每个人在一开始都处于同一起跑线上，每个人都有自己的梦想。只是有一部分人把它付诸行动，有一部分人把它遗忘在心底。因此，有的人梦想变成了现实，而有的人梦想却变成了空想！梦想是人类的天性，成功者会展开梦想的翅膀，锁定目标飞向光明的未来，去追求人生的成功。信念多一分，成功就多十分。充满信心的人，信念能移山；把成功看得很艰难、认为自己不能实现的人，不会成就事业。

伏尔泰说过："不经巨大的困难，不会有伟大的事业！"只要在心里铭记：生活给予我们每一个人的都是一样！别人可以做到的事情我可以做到，别人不可以做到的事情我通过努力也可以做到！如果你是一只鹰，你就有飞翔的本能。男人，只要你的品位够高，你就一定能真正飞起来。

　　男人的品位至关重要，因为它直接决定着男人对自己未来的定位。到了30岁，一定要把自己的梦想想清楚。如果你没有提高自己的品位修养，而是只关注于眼前的得失，那么你的梦想将紧紧只是个梦。30岁，给自己一个新的起点，做一个高品位的男人，让心中的目标随着品位的提高而不断向成功靠近吧。

第六章
即便是 30 岁,也别停下学习的脚步

　　想当年你二十多岁的时候是何等地刻苦学习，大学的时光中又是怎样地积极进取。而如今,在职场上混了几年却越混越懒了,书不爱看,新闻不想听,对外面发生的新鲜事一点都不感兴趣。也许你觉得只要做好本职工作,拿着相对稳定的收入就可以了,每天工作很累,也很繁忙,回家再去学习真的有些不切实际。但是你不要忘了,时代在不断地发展,科学在不断地进步,今天不学习没什么,明天不学习也没什么,但是长此以往下去,你总有一天会被整个时代所抛弃。古人常说:"书到用时方恨少。"这个世界每一天都是不一样的,30 岁以后,还有很长的路要走,如果你想让自己走得更顺利,就不要忽视了学习的重要性。

不断学习帮你实现人生价值

在这个充满竞争的时代，我们一直都在追寻着自己的人生价值。我们希望得到更好的发展，拥有更多的成就感，最终实现自己的目标和梦想。但是这一切又该怎样得到落实呢？归根结底，还是逃不开"学习"二字。不要觉得自己已经30岁就不需要学习了，若想走在别人的前面，你就需要不断地为自己充电，这是一条永恒不变的规律，只有遵循这条规律的人，才能成为这个时代的强者。

二十几岁的时候我们就有了自己的梦想，尽管它可能有些与现实脱节，但我们仍然相信它能够实现。30岁，我们开始越来越现实，开始在工作中不断地谋取自己人生的价值。目标也更加真实明朗，对实现它的每一步都有着自己细心的规划。然而仅仅这样还是不够的，有句话说得好："书到用时方恨少。"尽管我们在大学里学到了很多知识，甚至有些人还拿到了硕士、博士的学位，但是面对每一天的工作多多少少还会遇到一些知识上的挑战，这时候继续学习已经成为了一件势在必行的事情。

学习应该成为我们生活中的一种习惯，俗话说："活到老，学到老。"它不仅可以提高我们的修养和品位，还可以帮助我们更好地实现自我价值，使我们能够永远行走在时代的前沿，而不至于被这个知识不断更新的时代所淘汰。朱熹在一首诗中说："问渠哪得清如许？为有源头活水来。"如果你想使自己在社会竞争中永远"清如许"，那就必须不断为自己注入新鲜的源头"活水"。这里面的"活水"就是知识，常言道："知识改变生活，知识改变命运。"随着知识的更新，时代在进步，人也必须要进步，如若不然，实现自己人生价值的愿望将仅仅只是个梦而已。

一个具有丰富知识经验的人，比只有一种专业知识和经验的人更容易产生新的联想，宽广的知识面不仅有助于人们进行专项研究，还可以增强人们的个人魅力，使交际面更加广泛，从容应对各种各样的生活问题。

犹太人被称为是"杂学博士"。与犹太人聊天时，他们的话题涉及政治、经济、历史等各个领域，即使认为与买卖没有多大关系的东西，犹太人也相当了解。广博的知识不仅丰富了犹太人的话题和人生，而且对他们做生意时做出正确的判断起着不可估量的作用。

掌握更多的知识，拓宽自己的知识面，离不开学习这一途径。只有通过学习，才能掌握更为丰富的知识，建立一个完善的知识结构。

欧洲文艺复兴时期，涌现出了很多多才多艺的大学者，最典型的就是达·芬奇。他不但是大画家、大数学家和力学家，又是非常杰出的工程师，并且在很多领域都做出了伟大贡献。他认为，绘画必须是实体的精确再现，他坚信数学能帮助达到这一点。所以，数学就是他"绘画的舵轮和准绳"。正因为如此，后人称赞他是"科学上的艺术家，艺术上的科学家"。中国作为古老的文明古国，多才多艺的学者也比比皆是。中国汉代的张衡对天文、地理、数学、机械、文学、绘画都有很高的造诣。祖冲之是个闻名于世的数学家，但他对天文、文学、音乐也有着广泛兴趣，还曾对中国历法做出了重要贡献。明代李时珍在中外医学史上占有很重要的地位，他不仅对医学、药学而且对文学也深有研究。

对普通人而言，拥有达·芬奇的知识结构并没有现实意义。比尔·盖茨的文学知识未必专深，音乐知识也仅限于能听懂音乐，但这并不妨碍他成为世界首富。可见，一个生活在现代的人终其一生，如果能在一个门类里，在两三个学科有重大建树，那么就是大师级的人物了。

一个人获取知识的渠道越多，他的知识涵盖面就会越广。但是我们也应该考虑到，个人的精力毕竟是有限的，他不可能将所有的知识和技能集于一身，那样的人即使在神话世界里也不可能出现。所以有才能的人必定是在某一方面有专长的人，面对人类文明的巨大财富，他知道选取对自己最有用的东西，以武装自己，找到适合于自己做的事业并获得一定的成就，是幸福的关键。现在学校教育遭受抨击最大的一点就是：他们把所有可能的知识都不深不透地塞给学生，而不注重按学生的特点为他们建立合适的知识结构，培养创新的人才。

天下最可悲的事，莫过于一个人不能发现自己一生所要从事的真正事业，或者发现自己随波逐流或为环境所迫，从事不合志趣的职业。这一切，都源于他们没有在学校学习期间按自己的特长来发展自己，摄取知识。因此，学习的前提是先为自己规划合理的知识结构。

这时候，作为30岁的你也许会皱起眉头说："什么结构不结构的，我已经30岁了，每天忙工作已经很累了，哪有时间学习。再说，我的脑子已经不够用了，时间也不够用了，再学习还不要痛苦死。"其实你大可不必这样伤神，你的未来没有要求你一定要掌握几门外语，攻克什么世界难题，而是要在工作中不断地总结经验，同时不断更新自己在工作中必须应用到的那些知识，只有这样，我们才能把工作越干越好，才能在我们的头脑中形成最为系统的知识结构。

我国著名科学家茅以升说："专业是分工的结果，分工越细，专业越精，专精是需要的。专精不能孤立，专业越精，发生关系的方面也越多。如同建宝塔，塔越高，则塔的基础愈扩大。专精需要广博的知识。"我们的工作需要知识，我们的未来需要知识，我们的人生也需要知识。学习不单单是只有二十几岁的人需要做的事情，现在 30 岁的你也同样需要。它会帮助你打开一个崭新的世界，能够帮助你更好地完成自己的工作和事业，当然最重要的是，它可以让你体味到更多成功的感觉，让你在不断实现自我的价值中，不断成就梦想和希望。

而立箴言

知识，是人类的财富。有了知识，我们的未来才会充满光明。30 岁的男人，虽已经不是做梦的年纪，却对自己的未来有了更现实的规划和设计，要想让自己的想法最终得以落实，我们必须要不断地学习，不断地努力。成功路上没有捷径，努力学习吧，相信不远的将来你一定会实现自己更高的人生价值。

学习随时随地，知识无处不在

　　30 岁的男人，总是抱怨自己没有学习的时间，但是眼看着职场上青出于蓝而胜于蓝的现状，自己内心开始百感交集。其实，学习并不是一件多么难的事情，你没有必要，也不可能非要找一段时间才能完成它。相反，学习应该是随时随地的，因为知识可以说无处不在，只要你做一个生活的有心人，就一定能够成就自己完美的学习计划。

　　30 岁的你，也许一直在为自己没有时间学习发愁，眼看着职场对人的要求越来越高，如果再不拓宽自己的知识面，就会有被淘汰出局的危险。尽管公司有的时候会有一些培训，但这远远不够，就算是够用，最起码也要有反复温习思考的时间。但问题是，自己整天忙得四脚朝天，家里家外一堆的事儿，哪还能够每天腾出时间来学习呢？这时候不免有些怀念自己那段念书的时光，每天除了学习还是学习，什么都用不着着急，操心，轻松自由的日子多好，多叫人怀念。先别急着感叹，而是应该面对现实。其实，知识是没有围栏的，它无处不在，并不是你一定要用一段固定的时间才能将它学到手。相反，我们应该养成随时随地学习的好习惯，只有这样，我们才能在无形中为自己积聚能量，在不知不觉中把自己打造成一个知识丰富的人。

　　那么我们应该怎样做呢？怎样才能做到随时随地的学习，把无

处不在的知识统统抓在自己的手里呢? 看看下面的建议, 希望对你能有所帮助:

(1) 学习要与工作紧密融合

当你在从事知识性工作时, 就是在学习; 同时你也必须随时随地不断地学习, 才能有效执行这类工作。

在旧经济体系中, 如建筑工人和司机这类工业工作者的基本能力具有相对的稳定性。虽然这些技能的运用会因情况而异, 譬如, 不同的建筑工地有不同的责任分配, 但是学习在劳力工作中所占的比例却十分稀少。

在新的经济组织里, 学习所占的比例大增。看看那些寻找基因基础的研究人员、创作新式多媒体应用程序的软件工作者、为客户评估市场情况的顾问、创立新事业的企业家, 或是学院里的助教, 想想你自己的工作是否也是其中之一。工作与学习交互重叠成了工作能力中最坚实的构成要素。

哈佛大学的修夏娜·祖鲍夫曾这样问她的听众:"假如你正大大咧咧地坐在椅子上, 还把腿翘到桌上, 却看到老板正朝你的办公室走过来时, 你会怎么做?" 有位听众回答说:"赶紧把腿放下, 假装正忙着做事。" 接着, 祖鲍夫强调一个观点: 对知识性工作者而言, 思考——不管双腿放在哪里——就是工作。想要有效率地执行知识性的工作, 就必须思考, 并要将思考与工作融合。

(2) 想学习不一定要从学校开始

斯坦·戴维斯及吉姆·巴特金写了一本很刺激的书——《床下怪物》, 书中对这个多数人都赞成的观点, 做了非常适当的表达。此书阐述道, 教育的职责早先是属于教堂, 然后转移到政府, 如今则渐渐落在企业身上，因为最终必须负责训练知识性工作者的应是企业。两位作者认为："由农业经济转型到工业经济时，狭小的乡间校舍就被大的砖造教室所取代。40 年前，我们开始转向另一种经济形态，但是，至今我们都还未发展出新的教育模式，更别提创建未来那种很可能既不是学校，也不算一栋建筑物的'教室'了。"

因为新经济体系将是知识性经济，而学习则是日常活动以及生命的一部分，因此，企业和个人都将会发现，仅仅是为了要让工作有效率，而必须要学习，企业将会为了竞争而变成学校。根据麦当劳一位主管说法，这就是为什么麦当劳会每年帮助超过 10000 名员工升学教育的原因。摩托罗拉、惠普和升阳电脑公司，也各有摩托罗拉大学、惠普大学及升阳大学等课程。

假如你是消费者，你必须持续不断地更新知识库：学习利用出租汽车上的仪表显示器；在家用电脑上安装新的软件系统；和女儿一起上网络探索她的酸雨研究计划，或有关圣地亚哥动物园光盘的信息；规划你的家庭电影院；或在网络上采购日常生活用品。

这些知识性产品或知识性服务的供应商，一定要将学习包含在内，一旦进入数字经济体系里，你就不仅是位知识性工作者，而且也是一位知识性消费者，每个人都要对自己的课程表设计担负相应的责任。我们必须制定自己的终生学习计划，自动自发地学习，在工作中学习。

（3）习惯组织意识形态

学习型组织的概念，是由彼得·圣吉提出的。他认为学习型组织是："人们可以不断扩充自己的能力，以实现自己真正的梦想。在这里，人们可以培养又新又广阔的思考模式，共同的抱负有了挥洒的空间，也可以不断地学习如何与他人共同学习。"

在网络智慧的新纪元，团队可借网络而获得更清晰的意识。正如主从式结构的电脑能将其所要整理的资料加以分类与整合；同样地，网络的运作也可以将人类智慧加以分类与整合，进而建立起一种全新的组织意识形态。

网络成为企业思考以及学习基础的同时，组织型学习也可以延伸到小组以外，使得小组智慧进而转变为企业智慧。组织意识是组织型学习不可或缺的先决条件。

总之，学习没有国界，没有围栏，只要你想学，就可以随时随地地学，只要你有恒心有毅力就一定能得到自己想要的知识。即便没有学校，没有老师，没有家长的叮咛，你也一样可以在这个社会里学到自己想学到的东西。你一定要记住，尽管你已经30岁，但你从来都不曾落后过——因为你一直在不断地学习。

而立箴言

知识在不断地更新着，时代在不断地变化着，竞争在日趋激烈着，30岁的男人一直都在奋斗着。但是这个世界就是这么残酷，谁忽略了知识的力量谁就必然会成为被淘汰出局的对象。别再为自己找借口了，学习的大门一直向你敞开着，它没有围栏，也不需要固定的时间，而是一件随时随地都可以完成的事情，因为这个时代告诉着我们，知识无处不在，只要你能把它握在手里，你就一定可以收获成功。

你应该让书成为自己最好的朋友

书是人类的朋友，如果这个世间没有了书的存在，那么整个世界都将因此而失去六成的光彩。闲了的时候，打开它品味书香。急了的时候，打开它临阵磨枪。总而言之，对于一个 30 岁的男人来说，书是很重要的。它应该成为你如影随形的好伴侣，如果你愿意，它就会为你打开一扇崭新的窗，让你看到外面别样的风景，拥有自己一直向往的精彩人生。

不知道从什么时候起，人类就开始与书结缘。它帮助了一代又一代的人走向了成功，完善了自己的修养和素质。如今，人们越发意识到了文字的力量，尽管那只不过是一本书，但却能够给人带来不一样的熏陶和享受，甚至它字里行间表达的思想可以带给我们更深一层的启迪，甚至改变我们的命运。

30 岁的年纪，也许你正在因为找不到出路而迷茫，也许你正因为思想受到局限而困惑，也许你不知道自己应当如何经营自己的生活，久而久之，我们带着各种各样的问题生存在这个世界上，一直期待着有一天能够找到属于自己的答案。与其苦苦等待，不如现在翻开一本自己感兴趣的书吧。也许你并不带着什么目的性，却会收到一份意外的惊喜。也许你只是无意中将它买下，却忽然在消遣中改变了人生。书就是这么神奇，你不知道把它翻到哪一页自己就会产生顿悟的感觉，这种感觉让你清醒，让你快乐，让你从此不再一蹶不振，而是满怀憧憬地向着自己的目标努力前行。

有一句话叫做"天下才子必读书"，在研究一些成功人士的事迹时，我们常常发现：他们的成功一直可以追溯到他们拿起书籍的那一天。在我们接触过的事业成功人士之中，大多数人都酷爱读书——自小学开始，经由中学、大学，以至于成年之后。

一项针对成功人士与普通人的调查发现，二者最大的区别就是前者喜欢读书。大约有 75% 的成功人士在小学和中学时读过的书，是其他人无论如何也赶不上的。60% 左右的成功人士在大学时的阅读量远远超过他们同班的人。

时至今日，这些成功人士的年平均阅读量也在 20 本书上下，小说与文学传记各占一半，高出普通人很多。

那些成功人士一年要阅读的书平均起来每人大概有 20 本，或每三周至少看一本书，他们阅读的内容涉及政治、经济、文学等各个方面。

虽然有很多成功人士都列出了不同的爱好及家庭的活动作为他们最喜爱的休闲娱乐，但是阅读仍是最流行的一种消遣方式。这并没有什么可让人惊讶的，因为成功与阅读之间具有互补的作用，但是成功人士是怎样从阅读中获得成功的方法，来提高他们自身的素质呢？

美国一家百货公司的前任董事长赛伯特在其所著的《道德的经理人》一书中曾说："我无法告诉你，若想事业成功，需要阅读些什么书的准则，但我可提供一些指南，或许有助于你对成功的想象。首先，让我们考虑你每天须花多少时间阅读。在工作中不得不去阅读的，无非是商业书信或工作所须阅读的报纸、杂志、书等。我每天花上数小时在'课外'读物上。假如我搭乘火车或飞机旅行的话，通常会阅读时刻表及各个站名之类的资料；当我出门度假时，每天也会花 2~3 个小时在一般性的阅读上……看书的重点是看阅读的东西是否对自己的事业、工作、生活有意义，如果是，千万不要舍不得在这上面花时间。我们绝不能低估书籍的价值。"

书籍对人类的影响是非常深远的，如果你经常阅读各行业成功人士的传记或者是自传并通过静心的思索，你就有可能从中找出适合自己的成功之路来。

读书，是一种美丽的行为。在读书中，天上人间，尽收眼底；五湖四海，皆在脚下；古今中外，了然于胸。读书，让我们懂得了什么是真、善、美，什么是假、恶、丑；读书，让我们丰富了自己、升华了自己、突破了自己、完善了自己。

读书是一种享受。常读优美感人的文章，可以把读者引进一个轻松愉快的美丽意境，使读者产生一种忘却一切纷扰的感觉，从而心旷神怡，心情舒畅，神情开朗。

寒夜孤灯，捧书卷，闻墨香，那感觉如同盛夏里吸吮冰凉的饮料，甜滋滋、冰凉凉。读书的感觉，只有爱读书的人才会拥有；读书的快乐，在求知的过程中才能感受到。读书，让你品味人生的酸甜苦辣，品味生活中的各色景观。

人是需要读一些书的，许多人在生活中迷失了方向，通过读书可以把自己从物欲名利中解脱出来，树立美好的生活观念。

古今中外名人对读书都给予极精彩的话语，唐代诗人皮日休赞美读书的好处："唯书有色，艳于西子；唯文有华，秀于百卉。"英国莎士比亚谈道："书籍是全世界的营养品。生活里没有书籍，就好像没有阳光；智慧里没有书籍，就好像鸟儿没有翅膀。"

当代作家贾平凹说得更为精彩："能识天地之大，能晓人生之难，有自知之明，有预料之先，不为苦而悲，不受宠而欢，寂寞时不寂寞，孤单时不孤单，所以绝权欲，弃浮华，潇洒达观，于嚣烦尘世而自尊自强、自立不畏、不俗不诎。"

总而言之，30 岁的男人们，现在就捧起你手里的书吧。它代表着一种品位，一种内涵，也囊括着古今中外所有成功者的思想和经验。如果你真能够感觉到它的力量，就应该好好把握和选择自己身边的每一本书。它应该成为你最好的朋友，在无声无息中，把你引上成功的光明大道。

而立箴言

也许你可以花上一个星期看完一本书，然后再用三个小时的时间利用书中的感悟扭转自己的人生。这不是不可能，而是一种很有可能，并且已经发生在很多成功者身上的事实。作为一个 30 岁的男人，书应该成为你最好的朋友，它是你忠实的倾听者，真挚的建议者，温馨的宽慰者，友善的引导者。有了它的地方，你就不会乏味，有了它地方你就会有力量，这就是书的魅力，如果你愿意，它将带你走进知识的海洋，让你体味到什么是绚烂，什么才是最精彩的别样人生。

有专长的人最吃香

不管时代怎样风云变幻，作为 30 岁的你一定要记住不能甘于平庸，人生是短暂的，你不能活得没有一点特点。如果你想在自己还没有老去之前享受到获得成功的那份成就感，那么从现在开始，好好思考一下你的专长是什么吧！这不是在浪费时间，而是在帮助自己找到一条开启明天的入口，有了它你才会有方向，有了它你才不至于迷茫，才会真正明白自己现在应该做些什么。

尽管外面的世界竞争不断，但当你迈向竞争者的行列之前，还是要思考这样几个问题，你的优势是什么？你拿什么去和别人竞争？你有没有发现自己的专长？这个时代很现实，如果你活得没有一点特色，别人是不会注意到你的。30岁的年纪，正是为自己的前程努力的时候，但是这个时候，你如果还是没有发现自己最善于做的事情是什么，而只是为了打工而打工，为了生活而生活的话，那只能说你已经在某种程度上败给了别人。

这个时代没有要求你成为一个万能的多面手，只要你精通一门手艺，在别人眼中你就是可塑之才。这个世界说复杂也复杂，说简单也简单，不管风云如何变幻，有专长的人永远是最吃香的。他们很多人可以靠着自己的优势养活自己一辈子，甚至还可以为自己开拓一条通往成功的道路，在自己的领域干出一番惊天动地的事业。这就是专长的重要，这就是专长对于一个人来说的魅力所在。

世界著名男高音歌唱家、世界歌坛超级巨星鲁契亚诺·帕瓦罗蒂回忆说："当我还是个孩子的时候，我的父亲——一个普通的面包师，把我引入了歌的王国。他要我勤奋，以开发我嗓子的潜力。我家乡的一位职业歌星收我为徒，同时我还在一所师范学校就读。

"毕业时，我问父亲：'我是当教师呢，还是做个歌唱家？'

"我父亲回答说：'如果你要同时坐在两把椅子上，你可能会从

两把椅子中间掉下去。生活要我们只能选一把椅子坐上去。'

　　"我选了一把椅子。经过 7 年的努力和失败,我才首次登台亮相。又过了 7 年,终于在大都会歌剧院演唱。现在想一想,不管你是搞建筑,或是写一本书——无论我们干什么——都应该把毕生精力献给它,矢志不移。这就是我成功的秘诀——只选一把椅子。"

　　人的一生,存在着一种危险,那就是"平庸"二字。知识是有一些的,但没有专长,有的人很好学,似乎什么都想学一点,杂是杂了些,又称不上"家",所以仍然派不上用场。而学有专长,则是一条迅速成长之路。人各有所长,如果能以自己某一方面的专长为基础,坚持不懈地努力,去求发展,那肯定是很有前途的。

　　下面再来看一个"一线万金"的故事:

　　有一次,福特公司有一台大型电机发生了故障,特邀德国电机专家斯泰因梅茨"诊断"。他在这台大型电机边搭上帐篷,整整检查了一个昼夜,仔细听电机发出的声音,反复进行着各种计算,然后踩着梯子上上下下测量了一番,最后用粉笔在这台电机的某处画了一条线作记号。然后他又对福特公司的经理说:"打开电机,把作记号地方的线圈减少 16 圈,故障即可排除。"工程师们半信半疑地照办了,结果电机运转正常了。众人为之一惊。

　　事后,斯泰因梅茨向福特公司要 10000 美金作为酬劳。有人嫉妒说:"画一条线就要 10000 美金,这是勒索。"斯泰因梅茨听后一笑,提笔在付款单上写道:"用粉笔画一条线,1 美元;知道在哪里画线 9999 美元!"

　　这就是专家的水平。看上去,他个人的所得实在太丰厚了,但如果仔细琢磨起来，他为这条线能够画得如此准确而付出的心血又怎能用金钱来衡量呢？再者，如果不是他准确无误地画准了这条线，福特公司为排除这一故障不知要花出比这一酬劳多多少倍的价钱呢！

由此看来，人才就是价值，人才就是财富，而人才又必须有专门的技能，有哪一家公司不愿招聘到一流的专业人才呢。你想在就业中获得一个好职位吗？请早早努力，尽快使自己成为某一方面的人才吧！

下面再来看看这样一个例子：

李霞是广州一家工厂的幼儿园教师，1996年下岗。下岗后，她并没有意志消沉，而是不断用知识充实自己，提高自己的自身素质。她先后学习了医学美容、美术、插花、制衣、经络等很多知识，最后决定在美容界发展，开了一间"金玉美容阁"。李霞与美容女工们热情地接待每一位来做美容的客人，不断地提高自己的美容技术，力争做出本店的美容特色。结果生意越来越兴旺，熟客也越来越多，这真应了那句"酒香不怕巷子深"的生意行话。由此可以看出，只要多掌握一种技能，就多一次成功的机会。

这个时代不需要庸才，而是需要那些有专长的人。因为时代的前进需要技术，需要专长，只有社会中的每一位精英都在自己的位置上不断地创造辉煌业绩，世界才能不断地向前推进。一个人一无所长是一件非常危险的事，这样的人是职场上最脆弱的一群，经不起一点风浪，很容易被淘汰出局。作为30岁的男人，一定要做时代的强者，所以不管以前的你是什么样子，从现在开始，发现自己的优势，完善自己的专长，一切还都不算晚。相信你一定会用自己的优势走向一个又一个成功，在自己的领域独占鳌头，干出自己的成绩和事业。

而立箴言

你也许想过自己做点什么，却发现自己什么都不会。在如今这个世道，最害怕听到的就是这句"什么都不会"，其实，没有人逼着你成为天下无敌的多面手，只要你能掌握一门专长就可以开开心心地经营好自己的人生。30 岁的男人，就是要活出自己的特点，好好地经营你手里面这张专长的王牌吧！相信它一定会给你带来一生的好运气。

寻找一份属于自己的"完美工作"

你每天都是以怎样的心情去迎接自己每一天的工作呢？如果你一碰到它就会皱起眉头，说明你对自己现在的处境很不满意。也许在你心里工作的存在只是为了谋生，也许你只是为了打发时间不让自己闲下来胡思乱想。但有一点是不争的事实，你并不快乐。人生怎能在这样的不快中继续，30 岁的你绝对不能就这样一直下去，所以从现在开始，你需要寻找一份属于自己的"完美工作"。

如果你在每天早上起来就开始抱怨太阳为什么这么早升起来，为什么要让自己去面对那自己并不感兴趣的工作。如果你每天上班的时候都会有一种度日如年的感觉，希望这一天能够快些结束。如果你在下班后就开始忧虑，担心明天还要继续这样的艰辛旅程。那么就说明，这份工作并不能使你快乐。如果一直这样下去，不但你的心情会受到影响，就连自己的未来也会因此而失去希望。

由于这份工作并不适合你，所以你做起来就没有激情，因此也很难做出什么业绩，时间一长，你会慢慢变得没有任何特点，你的特长也会因此被无形地扼杀，直接影响到你未来的发展。作为一个30岁的男人，要想成功，首先就要找对适合自己的行业，让自己拥有更广阔的发展空间，让自己的能力得到更大的锻炼和发挥。所以，不要再在自己不喜欢的工作上浪费青春了，你现在要做的就是寻找一份属于自己的"完美工作"。

那么，现在你该做些什么呢？下面就为大家提出几点建议，希望能够对30岁的你有所帮助：

（1）让自己的才能得到充分展现

"十全十美的工作"不是一种生活标准，它是一种心理状态。在完美的工作中，你可以将自己最擅长的才智发挥出来，应用到你孜孜追求的事业上，工作的环境正适合你的个性和价值观念。人们也的确在寻找、发明或创造这类工作。

对于拥有"最完美工作"的人来说，他们的才华、激情和价值取向是一致的，而且他们时常有一种强烈的个人成就感。他们心存一个内在的指南针，使他们永远追寻着生活中的目标。他们对于时间和金钱这两项自己最宝贵的财富，有着明确的把握。面对生活中碰到的障碍，他们只当作是生活的本色。

那么，我们能否创造这种生活方式呢？答案当然是可以。我们都有一个核心的需求，希望参与富有意义的追求并在工作中能感到受重视，实现人生真正的自我。这些才是我们工作的真谛。

《小即是美》一书的作者舒马赫指出，工作具有三个重要功能：

"给人们提供一个发挥和提高自身才能的机会;通过和别人一起共事来克服自我中心的意识;提供生存所需的产品和服务。"

生活中,我们需要找寻机会在工作中实现这三点。我们中间的多数人第三点做得相当好。假如我们在与别人合作和共事方面能够做得更好,那才证明这种做法才是发挥和提高我们才智的一种最好方法。

寻求生活的意义是我们存在的理由,正是这一精神内核帮助我们在所有日复一日的生活经历中发现盎然的生机。人生的意义最为奥妙,因为它是很难看到的。

(2) 目标就是自己努力的方向

想成功绝对不能没有目标,人生的目标帮助你选择自己的人生该走向何方。

你的目标是你的一种发现。人们往往要经过一番危机才能找到自己的目标,不过以下问题能够让你在未落入危机之前就发现你生活的目标。

①你有何才能?把它们全部列出来,选择三种最重要的才能,然后把每种才能用一两个词来表达,如:"我最重要的三个才能是我的听力、创造力和表达能力。"

②你的追求是什么?什么是你梦寐以求的、使你希望为之付出更多的精力?究竟在哪些事情上你愿意一展才华?在哪些主要领域你愿意投资自己的才力?譬如:"我追求的事业是从事成人发展和帮助人们发现自己的生活目标。"

③什么环境让你感到舒适?什么样的工作和生活环境最适合你发挥自己的才能?例如:"我经常在随意的学习环境或与别人一起游览自然风景时,展现出我的才华。"

现在，将这些问题的答案列出来，将每个答案中你认为最重要的因素结合起来组成一个完整的句子。比如："我的生活目标是利用我的灵感、创造力和表达能力帮助人们在工作环境中发现他们的生活目标。"

确保你的生活目标在任何时候都适用。也许你会发现，在许多方面，你早就一直在按照自己的目标生活。心中牢记你的生活目标对你大有裨益，尤其是当你处在生活转型期时更是如此。通过这种方式，生活中的种种压力也就变得更加合乎情理，而且你能更好地将生活中的变化同全新的视野及健康的选择联系起来。

也许你会发现自己有几个生活目标，如果你不断探寻，最终会发现它们当中贯串着一条内在的主线。因此，你要经常重复上述问题。

（3）从小处做起，不断完善自己

生活可能不会像我们最初计划的那样，我们接受这种观念越早，实现你的人生目标就会越直接。

当你明确你的生活目标时，就能更加容易地规划时间和找出真正的生活优先顺序。但是坚持对生活目标的追求并不容易。事实上，你越是看重自己的责任和义务，似乎越难保持对生活目标的追求。那么，该怎么办？从小处做起。每天只处理一项与人生目标有关的优先任务。

而立箴言

寻找"完美工作"的过程就是一个学习的过程，在这个过程里，我们学到了很多更实用的知识，更清晰地意识到了自己的人生价值。作为一个30岁的男人，在这条人生的道路上，我们必须要明确自己的方向，知道自己想要什么，而且很清楚自己怎样做才能得到它，只有这样你才能给自己更安定的感觉，才能在不远的将来实现自己人生的追求与梦想。

虚心请教是一种美德

每个人都不是全才，总有一些问题是我们不懂的，总有一些事情我们从来没有做过。这时候最明智的办法就是虚心向别人请教。30 岁的男人们，请不要把它看作是一件丢人的事情，恰恰相反它是一种美德。孔子有句话说得好："三人行，必有我师焉。"只有张开你的嘴去问，你才能得到更多。

无论是工作中，还是生活里，我们总会遇到这样那样的难题。除了自己想办法解决以外，还有一条捷径就是向有经验的人请教。作为 30 岁的男人，你也许有一些大男子主义，不愿意弯下腰来低三下四地向别人询问，但是也不要忘了"虚心使人进步，骄傲使人落后"的至理名言。它无时无刻都在警醒着我们，虚心求教的重要性。这样做不但不会让你从此矮人一头，还会显现出你作为一个男人的修养和品位。虚心请教是一种美德，是一种让我们得到更快发展的方法，只有灵活运用这种方法的人才能在今后的人生道路上左右逢源，得到更多的帮助和机遇。

在古代帝王中，恐怕大禹是最爱学习的了。据说他每当经过 10 家以上的村庄，就要进去请教，听到有益的话就赶紧拜谢。正是由于大禹爱学习，善于向别人请教，使他具有了渊博的知识。后来舜帝看他不但具有渊博的知识，而且还具有高尚的品德，就把帝位禅让给了他。大禹是一位妇孺皆知的著名历史人物，在为帝之前，为给天下人解除水灾，全心全意，忘却自我，三过家门而不入。为帝之后，虽贵为天子，然却不失劳动人民本色，亲近民众，为民谋利，造福人民。他的事迹一直为人民传颂几千年。

孔子告诉我们："三人行，必有我师焉；择其善者而从之，其不善者而改之。"其实何止是三人行必有我师，每一个人都有自己的长处。一个人要想成功，实现自己的美好理想，就得善于向所有的人学习。正像孔子说的，学习别人的优点，对于别人的缺点和不足要注意防止在自己身上发生。

向人请教是一种美德，也可以让你在不断的请教中获得自我的提高。当你不断向比自己高明的人请教，不断地吸取他们身上的经验和能力，那么总有一天你将成为他们之中的一员。虚心求教就是有这么神奇的力量，它会在不知不觉中改变一个人对待事物的看法，最终让他树立正确的方向和目标，从而改变自己的人生。

美国一家大银行的董事，他原是出身于南部的一个农村少年。一天，他看到一本杂志上介绍了一些大实业家的故事，他很想知道这些大实业家是怎么发家的，希望他们给自己提供一些思路和经验。于是，有一天他不管不顾地跑到纽约著名的威廉·B·亚斯达的事务所。他对亚斯达说："我很佩服您的创业精神，我想知道我怎么才能赚到100万美元？"亚斯达非常欣赏这个小伙子的胆量和雄心，微笑着与他谈了一个多小时，告诉了他许多好的经验，临走时又向他介绍了几个其他实业家。

他按照亚斯达的指示，请教了许多一流的商人、总编辑、银行家等。通过不耻上问，使他得到了很多知识、经验以及成功者的思想作风。他开始仿效他们成功的做法。仅仅过了两年，当那个青年刚满 20 岁的时候，就已经成为他当初做学徒的那家工厂的主人了。24 岁的时候，他又成了一家农业机械厂的总经理。以后不到 5 年，他就如愿以偿地拥有了百万美元的财富了。最终这个来自农村的少年，成为一家大银行董事会的一员。

虚心求教的魅力就在于它能够帮助你不断地提升自己的品位，让你得到更多的知识。只要你是一个有心人，就可以在吸取别人的经验教训的同时，将其与自己的思想和理念进行有效的结合，从而创造出一个更为强大的成功秘诀。

郑板桥是一位有名的画家，但他从来不骄傲。有一次，他路过一家画店，看见店主人画的画很好，就拜这位店主人为师，跟他学画画。之后，他又巧妙地把自己的画法和店主人的画法结合起来，使自己的画画得更生动、更形象了，创出了自己独特的字画风格。郑板桥之所以画得好，不正是因为他非常谦虚吗？一个人如果虚心，到处请教，他的知识面会越来越广。一个人如果学会一点就骄傲自满，那么他就永远不会有进步。

有些人不愿意向别人请教，觉得向别人请教就是告诉人家我不如你，觉得是在向别人示弱，觉得心里不舒服。说来说去，还是放不下架子，去不掉虚荣心。只要你放下架子，去掉虚荣心，你就会大有收获。

一件事你可能想一天甚至想几天也想不通，可是你向别人请教，别人一句话可能使你茅塞顿开，如拨云见日，岂不是大大缩短你做事的时间。三国时，刘备三顾茅庐，诸葛亮的一场"隆中对"，把刘备多年的迷惘理得一清二楚。从此，刘备走上节节胜利的道路，最终建立了蜀国，成就了自己的霸业。

总而言之，请教是一门艺术，掌握了这门艺术，你会受益匪浅。请教是一门学问，掌握了这门学问，你会在激烈的竞争中步步为营。但最重要的是，请教是一种美德，有这种美德的人，能够获得更多人的肯定、帮助和认同。30岁的男人，先不要急着去想怎么样才能成功，先要学会弯下腰，用谦卑的态度去向别人请教取经。当你不断地吸取着新鲜的知识和养分的时候，你就会不断地强大起来。我们不千万不要忽略请教的力量，有些时候，别人一句话，一条经验，说不定就能帮助你少走很多年的弯路，原因很简单，这些弯路他曾经走过。

而立箴言

做人有些时候就是要挺直自己的脊梁，但是当你向别人请教的时候还是表现得谦卑一点好。作为一个30岁的男人，一定要明白虚心求教是一种美德。这种美德将会为你赢得更多的朋友，更多的知识，更多的机遇，当然还有更多我们意想不到的，无法用语言形容的巨大收获。

第七章
用成熟的方式,润滑周围的人际关系

一个成功的男人,往往都是善于交际的高手,举手投足间的友好,眼中洋溢的热情,都能在瞬间感染身边的每一个人。在人们看来,30岁的男人总是有着那么一点与众不同,尤其是在更深一步的交谈中,总是能够给人一种既成熟又内敛的感觉。他们的行为优雅,他们的阅历深厚,他们的思想总是能给人带来某种启迪。这就是30岁的男人应该具备的社交技能。20岁的时候,我们只希望能够交到和自己玩儿得来的朋友,而到了30岁我们渴求自己能从别人的身上学到更多的东西,当然也包括为自己的前程谋得更好的发展。

不要在别人面前卖弄你的优势

很多30岁的男人认为，只有向对方展现自己十足的优势，才能获得对方的信任感，才能为自己的成功加一成胜算。这话听起来有些道理，但事实并非如此，因为大多数人看到别人比自己强，一般心里都不会很舒服。这个时候就为你们进一步的沟通带来了阻碍。社交的真正魅力在于，让对方感觉心情舒畅的同时，把自己的事情办妥。这是一门艺术，值得我们一生去学习。

当我们还不成熟的时候总是希望自己能够在人前崭露头角，让别人感觉自己是多么地优秀，多么地博学多才，头脑灵活。然而每每如此，我们却发现自己往往得不到自己想要的结果。有的时候别人总是会微微的皱起眉头，或是表现出一脸不悦的神情。时间一年一年地过去，作为30岁的男人，我们已经不是当年的毛头小子，随着人生阅历的增长，我们慢慢明白了对方的心理。那就是人都不希望看到别人比自己强大，更何况初次见面，过分地表现只会留给人一种不够谦虚谨慎的印象。所以，就算你再优秀，当与人交往时，也要放低自己的姿态，学会谦卑地与别人交谈，千万不要在别人面前卖弄你的优势，只有这样你才能最快获得对方的好感，拉近与对方的距离。

柯立芝在阿墨斯特大学的最后一年，美国历史学会曾授予他一枚金质奖章。在当时，这是一个被无数人看重的荣誉，可他却没有对任何人说起过这件事，甚至自己的父亲也不例外。直到他毕业并工作之后，他的上司——诺坦普顿的法官菲尔德才无意中在《斯普林共和杂志》上看到了对这一事情的报道。那时，距柯立芝领取这一奖章已有6周了。从佛蒙特州的村庄到白宫，柯立芝在他一生的事业中都以这种真诚的谦逊闻名于世。

当他竞选麻省州议员时，在选举即将进行的前夜，他忽然无意中听到了州议会议长的职位正虚位以待的消息。于是，柯立芝拎着他那"又小又黑的手提袋"，大踏步地赶往诺坦普顿的车站。两天以后，当他从波士顿回来时，手提袋里已经装有大多数州议员亲笔签名推举他为议长的联名信。就这样，柯立芝顺利地出任麻省州议会议长，从而迈出了自己走向政坛的第一步。

这位以谦逊著称的人，在人生关键时刻以迅雷不及掩耳之势主动出击，当仁不让地拿走了他应得的东西。如果不是他平时的谦逊，估计不会有多少人支持他当选州议长。

下面再来看这样一个反面的例子：

沈万三拥有万贯家财，但他却不懂得"静水深流"的道理。为了讨好朱元璋，给他留个好印象，沈万三竭力向刚刚建立的明王朝表示自己的忠诚，拼命地向新政权输银纳粮。朱元璋不知是捉弄沈万三呢，还是真想利用这个巨富的财力，曾经下令要沈万三出钱修筑金陵的城墙。沈万三负责的是从洪武门到水西门一段，占金陵城墙总工程量的1/3。可他不仅按质按量提前完了工，而且还提出由他出钱犒劳士兵。沈万三这样做，本来也是想讨朱元璋的欢心，没想到弄巧成拙。朱元璋一听，当下火了，他说："朕有雄师百万，你能犒劳得了吗?"沈万三没有听出朱元璋的话外之音，面对如此刁难，他居然毫无难色，表示："即使如此，我依然可以犒赏每位将士银子一两。"

朱元璋听了大吃一惊，在与张士诚、陈友谅、方国珍等武装割据集团争夺天下时，他就曾经由于江南豪富支持敌对势力而吃尽苦头。现在虽已立国，但国强不如民富，这使朱元璋感到不能容忍。更使他火冒三丈的是，如今沈万三竟敢越俎代庖，代天子犒赏三军，仗着富有将手伸向军队。朱元璋心里怒火万丈，但他并没有立即表现出来，在心底决定要找机会治治这沈万三的骄横之气。

一天，沈万三又来大献殷勤，朱元璋给了他一文钱。朱元璋说："这一文钱是朕的本钱，你给我去放债。只以一个月作为期限，从初二起至三十日止，每天取一对合。"所谓"对合"是指利息与本钱相等。也就是说，朱元璋要求每天的利息为100%，而且是利上滚利。

沈万三虽然满身珠光宝气，但腹内却没有装多少墨水，财力有余，智慧不足。他心里一盘算，第一天一文，第二天本利2文，第三天4文，第四天才8文嘛。区区小数，何足挂齿！于是沈万三非常高兴地接受了任务。可是回到家里再仔细一算，不由得就傻眼了。第十天本利还是512文，可到第二十天就变成了52万多文，而到第三十天也就是最后一天，总数竟高达5亿多文。要交出如此多的钱，沈万三就是倾家荡产也不一定够啊。

后来，沈万三果然倾家荡产，朱元璋下令将沈家庞大的财产全数抄没后，又下旨将沈万三全家流放到云南边地。这一切都是他不知富不能显、富不能夸，为富要自持、谦恭，才能长久保持富贵的道理造成的。

真正有钱的人是从来不露富的,真正有品位有档次的人,都是从来不招摇的。沈万三正是因为过于在人前卖弄他有钱的优势,最终只得自食恶果。

看了这两个故事,相信你感慨很多,成功的道路上是充满机遇和险阻的,要想避免不必要的麻烦,让身边的人鼎力支持你帮助你,真的是一门高深的学问。其实,只要你以史为鉴,将自己的优势隐藏起来,在社交的路上就会好走很多,它不但可以帮你避免不必要的麻烦和灾难,还能为你赢得不错的人缘。

而立箴言

优势是自己的内在实力,你用不着总把这些在别人的眼前卖弄,正所谓真人不露相,真正的才学永远是属于自己的财富。作为 30 岁的男人,一定要懂得该出手时才出手的道理。只有这样,你与别人的交流才能更加和谐,你才能真正成为一个成熟的社交达人。

真诚地聆听别人的声音

二十几岁的时候我们喜欢滔滔不绝地向人倾诉自己的感受,快乐也好,伤心也罢,却从来没有想过别人是不是也想发表一下自己的言论。到了 30 岁才发现,原来做一个倾听者是多么重要,他不但可以让对方向你敞开心扉，还能够为你赢得更多的尊重和赞美。

让我们回忆一下过去，感激一下那些用心倾听过我们倾诉的人，尽管二十几岁的年纪我们并没有在意过他们对我们所做的这一"伟大"行为，尽管那时候我们总认为那是理所应当。但是到了今天，当我们迈进了成熟男人的行列，才发现这一行为的"伟大"。它不但能够开启一个人的心灵，还能给这些心灵更多的希望。尽管从始至终他们的话很少，但是字字句句都渗透到了我们的心田。他们给30岁的我们上了一堂别开生面的社交课，用他们的实际行动向我们证明着做一个倾听者的荣耀和重要。

有一个30岁的年轻人突然由一个口若悬河的"演讲家"，变成了一个"真诚"的倾听者，在解释自己为什么会有如此大的转变时，他讲了自己的一段经历：

我最近在一位夫人举办的晚宴上，见到了一位著名的植物学家。我坐在他边上，倾听他谈论热带植物，室内花园，以及关于马铃薯的一些惊人事情。他一直谈了好几个小时。午夜来临了，我向每一个人道别，走了。那位植物学家对晚宴的主人说，我是"最有意思的谈话家"。可是在这段时间里我几乎没有说过什么话，我只专心地听讲。因为我真诚地聆听，而他能够感觉到这一点，这自然使他很高兴。这种专心听别人讲话的态度，是我们所能给予别人的最大赞美。

一个成功的商业性会谈的神秘之处是什么呢？根据学者查尔斯·伊里亚特的说法"成功的商业性交谈，并没有什么神秘，专心地注意那个对你说话的人，是非常重要的"。倾听是一种修养，倾听是一种智慧,但倾听更是一种抓住机遇的手段。有的时候我们只需要拿出耐心听别人把话说完,就可以得到我们想要的结果,但有些人偏偏就等不及别人把话说完,他们的插话总是招来别人的不满,同时也为自己造成了很多不必要的麻烦。

老白在镇上盖了一套两层的楼房,当房子的第二层刚封顶时,几个朋友在他家吃饭。席间,突然来了一位专门安装铝合金门窗的个体户,与老白一见面就递了张名片,并介绍了他做铝合金门窗的优势。老白说:"虽然我们以前不认识,但通过你刚才的一席话,就得知你对铝合金门窗安装的经验丰富,假如我房子的门窗让你来安装,我相信你能安装,也相信你能做得很好。但是在你今天来之前,我们厂里一名下岗钳工已向我提起过,门窗安装之事已决定由他来做……"

老白的话还未说完,那个个体户便插话了:

"你是说那东跑西走的小杨吧?他最近是给几家安装了门窗,但他那'小米加步枪'式的做法怎能与我比?"

哎呀!这话不说还好,一说便让老白顿时拿定了主意,接着说:

"不错,他尽管是手工作业,没有你那些先进的设备,但他目前已下岗在家,资金不够丰厚,只能这样慢慢完善,出于同事之间的交情,我不能不让他做!"

就这样,那个个体户只得快快离开了。

之后,老白对朋友们说:"那个个体户没听懂我的意思,把我的话给打断了。本来,我是暗示他,做铝合金门窗的人很多,不止他一个上门来请求安装。我已打听到了他做门窗多年,安装熟练,且很美观，但他的报价很高，我只是想杀杀他的价格，可他的一番话攻击了我同事小杨的人品，我宁愿找别人，也不要让他来安装我的门窗。"

这本来是一桩很不错的生意，最终却以失败告终，最主要的原因就是那个个体户过于急躁，不等人家把话说完，甚至还没有听懂别人的意思，就打断别人的话头，结果把眼看就要到手的生意给丢了。

谈话是人们进行交流的最佳方式。会说话的人，在别人说话的时候，会很注意地倾听，然后适时地提出自己的意见；而不会说话的人，在别人说话的时候，总是随时摆出一副跃跃欲试的样子，一有机会，马上插嘴。

如果一个人正讲得兴致勃勃，听众也正听得津津有味，而此时你却突然插嘴。在这种情况下，不但说话者对你没有好感，很可能其他人也不会对你有好感。在别人说话的时候，你应该耐心地聆听他人的话，注意不要插话搅了对方的兴致，这时，点头示意比贸然插嘴要好得多。

有人认为，具有同情心的人朋友多；还有人说，态度和蔼的人朋友多；更有人说，善于聆听他人说话的人朋友多。不管怎么说，朋友多，无非就是别人乐意和你接近，容易从你身上获得同情、理解和谅解。朋友多，是建立在先做奉献的基础上的。如果你懒得把温暖给予别人，你也就别奢望他人的光亮会反射到你的身上。

用自己的真诚让别人感受到温暖，用你的倾听让别人得到释怀，就算你并不能帮助他解决什么问题，至少你愿意听他把话说完。这是一种尊重，也是一种博爱，30 岁的男人，应该用你的倾听去感动身边的每一个人，只有这样我们身边的朋友才会越来越多，我们要走的路才会更加通畅，我们的未来才会充满阳光和美好。

而立箴言

上帝之所以给了我们两个耳朵，一个嘴巴，就是为了让我们多听少说。不论是在社交场合，还是在朋友聚会上，如果你真的想成为一个受人欢迎的人，那就请竖起你的耳朵，不要轻易打断别人的言谈。这不但是一种尊重，也是作为一个成熟男人应有的涵养和修为。

用幽默扫平尴尬

在女人眼中有幽默感的男人是有魅力的，当然不仅仅只有女人这样认为。男人的幽默感可以让整个世界都绽放出灿烂的微笑。在与人交往的过程中，难免会有一些分歧和矛盾，作为男人面子是不能丢的，但因此若使关系紧张也绝对不可以。这时候用幽默扫平尴尬，不失为一条锦囊妙计，它不但会使整个气氛得到缓和，还会为你赢得不错的口碑和赞扬。

男人不应该是古板的动物，如果男人古板，那么整个世界至少会失去一半的光彩。幽默是一种艺术也是一门学问，它不但能够为你赢得更多人的关注，还可以成为你摆平尴尬气氛的可靠武器。使本来紧张的局面在瞬间变得和谐起来，使针锋相对的两个人不失体面地恢复到友好的状态。这一切的一切都在说明着幽默在这个世界上的位置。作为一个30岁的男人，要想在人前彰显自己别样的风度和个性，不如从现在起有意识地学习一些简单的幽默，并慢慢改变自己的古板性格，它不但会帮你与别人建立起进一步沟通的桥梁，还会悄悄地融进你的生活，让你感受到人生的另一种兴奋和快乐。

吉尔森每天早上都想多睡一会儿，起得晚了，于是经常迟到，不知道上司厉声警告他多少次了。上次，上司还盯着他的眼睛说："吉尔森！要是你下次再迟到，你就自己收拾东西，不用我多说了！"

一连好几天，吉尔森都起得很早，但是这天却不巧遇到了交通堵塞。"生病"、"轮胎漏气"、"闹钟坏了"、"邻居家的老人中风了，送他去医院了"……这些理由也太不新鲜了，而且这些老一套已经不管用了，上司大概已经为解聘准备好了托词，或者说是自己造成了这种局面。

等到吉尔森到了办公室的时候，里面悄然无声，每个人都埋头干活。一个同事冲他使个脸色，示意老板生气了。果然，老板一脸严肃地朝他走了过来。

吉尔森突然满面微笑地握住上司的手说："您好！我是吉尔森，我是来这里应聘工作的，我知道35分钟之前这里有一个空缺，我想我应该是最早来应聘的吧，希望我能捷足先登！"说完，吉尔森一脸自责又充满希望地看了看上司。

办公室突然哄堂大笑，上司憋住不让笑出声来，"快点工作吧！"

说完自己走到办公室独自大笑起来。吉尔森,就这样保住了自己的工作。

这就是幽默巨大的作用,它总是能让人愉快地接受说服者的意见。这个世界需要欢乐,所有人都愿意和能够制造欢乐的人在一起沟通共事。它引发的笑声和愉悦的氛围,可以改善交流的环境,这样一来,烦恼变为欢畅,痛苦变为愉快,尴尬也转为了融洽。它犹如一块磁铁,深深地吸引着周边的人,博得对方的好感,很快地将彼此的距离拉近。它又好比尴尬的润滑剂,在无形中消除了彼此的怒气和怨恨。

一个人的语言可以像优美的歌曲,也可以像伤人的邪火。幽默机智的语言能给人以喜悦满足之感。在社交中,适地适时地运用幽默,将会使人们的关系更加和谐、亲切。

在人际交往中,幽默的作用是显而易见的,但过分的幽默往往会使人产生厌恶的感觉,尤其是初交时。所以,在第一次交往中,便表现出过分聪明和很有才华的样子,不一定就会引起别人的好感。能做到庄重而不冷漠,幽默而无谐谑,这里包含相当深的学问。善于幽默的人,不应该取笑别人,免得使人感到窘迫。有时,宁可将自己作为取笑的对象,以此使整个场面轻松、欢快。所以,富有幽默感的人很少筑起自我防卫的高墙。幽默是人类特有的天赋,幽默与智慧相伴。古往今来,许多智者都不无幽默感,他们的智趣中蕴涵幽默,而幽默中含有机智。正如俄国文学家契诃夫所说:"不懂得开玩笑的人是没有希望的人。"

再让我们看看下面的一个故事:

著名国画大师张大千在抗日战争胜利后，很想回一趟自己的老家四川。临行前，他的一个学生设宴为老师送行。宴会上还邀请到了梅兰芳等许多社会名流。

当宴会开始的时候，张大千先生便站起身来，向梅兰芳先生敬酒，他说："梅先生，你是个君子，我是个小人，所以我先敬你一杯。"梅兰芳不知其含意，就笑着问道："此话怎解？"张大千先生笑着说："正所谓君子动口不动手，你是个君子——就只管动口，我是个小人——就只管动手了。"张大千先生用幽默的语言使在场所有宾客都为之大笑，宴会气氛一片大好，在座的所有宾客都打心底里佩服他的风趣幽默。

我们常有这样的体会，在会场或聚会中，一席趣语可使笑语满堂，气氛和谐而轻松，增加接受效果；在友人间的笑谈中，一则笑话，常令人捧腹不止，在笑声中交流和深化了感情；在旅游登山时，一句幽默，引出一阵嘻嘻哈哈，顿时使人倦意全消，鼓劲前行。可见，幽默与笑是情同手足的姐妹。上乘的幽默是鼓劲的维生素，是交际的润滑剂，是智慧的推进器。

幽默的本质就是有趣、可笑和意味深长。幽默是人类智慧的结晶，是一种高级的情感活动和审美活动。幽默的作用不仅是让人发笑，那只是它最肤浅的作用，其对于制造幽默的人作用更为强大。只要我们灵活地运用好这份强大的力量，那么我们的生活就会从此变得更有色彩，我们的身边就会拥有更多赞许和钦佩的目光。

而立箴言

幽默代表着男人的独特魅力，它不但能体现这个男人优秀的社交水平，还能够达到调节气氛、免除争执、化解尴尬的目的，它可以让你的形象在众人面前锦上添花，还可以让你的绅士风度大放光彩。所以，作为30岁的男人，一定要掌握幽默这个法宝，有了它社交上的很多难题就会迎刃而解了。

用真诚的赞美赢得对方的心

二十几岁的时候我们不愿意用语言去赞美别人，因为总觉得真正的赞美应该存在心里。但是你有没有想过，仅仅存在心里，对方怎么能够知道呢。真正的赞美应该是表里合一的。我们应该知道赞美对于一个人有多么地重要，当你真诚地向别人表达自己的赞美，当你用春天般的微笑去面对身边那些值得赞美的人，除了会收获到友谊以外，还会收获一种感动，一种发自内心的感动。

30岁的男人，即便是对某个人倍感佩服也不好意思直接上去赞美。有的时候是碍于面子，有的时候是因为不知道怎么开口。但是，你一定要知道，这一句赞美的分量是很重的，只要你把它说出去，说不定就能为你赢得一个朋友，赢得一份帮助，也赢得一份对方的尊重。在人与人的交往中，我们必须讲求沟通的策略，要想让两颗心的距离不断地拉近，要想让对方向你敞开心扉，适度真诚的赞美是必不可少的。

每个人都希望听到别人赞美自己，因为只有这样他才会觉得自己所做出的一切都是有价值有意义的。适时的赞美别人，能够使对方心情愉快，愿意与你进行进一步的沟通。就这样两颗心在瞬间拉近了，整个交谈的氛围也会变得更加轻松和谐。

喜欢听赞美是人的一种天性。当来自社会、他人的赞美使其自尊心、荣誉感得到满足时，人们便会情不自禁地感到愉悦和鼓舞，并对赞美者产生亲切感，这时彼此的心理距离就会因赞美而缩短、靠近，自然也就为交际成功创造了必要的心理条件。由于人受自我意识的限制，不论接受任何东西，哪怕是最忠恳的劝告，都经常会受情绪和情境的影响。注意外界对自我的评价是人向来的天性，赞美就是人们最希望听到外界评价，它可以创造和谐的气氛和愉悦的情绪，也可以引导局势向更有利于自己的情况发展。

柯达公司创始人伊斯曼捐赠巨款在罗彻斯特建造了一座音乐堂、一座纪念馆和一座戏院，为了承接这批建筑物内的座椅，许多制造商展开了激烈的竞争。但是，找伊斯曼恰谈的商人们无不乘兴而来，败兴而去，一无所获。

就是在这种背景下，优美座位公司的经理亚当森前来会见伊斯曼，希望能够得到这笔价值9万美元的生意。

亚当森被引进伊斯曼的办公室后，看见伊斯曼正埋头整理桌子上的一堆文件，于是静静地站在那里仔细地打量起这间办公室来了。

过了一会，伊斯曼抬起头来，发现了亚当森，便问道："先生有何见教?"这时，亚当森没有谈生意，而是说："伊斯曼先生，在等您的时候，我仔细地观察了您的这间办公室。我本人长期从事室内的木工装修，但从来没见过装修得这么精致的办公室。"

伊斯曼回答说："哎呀!您不提醒，我差不多忘了。这间办公室是我自己设计的，当初刚建好的时候，我喜欢极了。但是后来一忙，一连几个星期都没有机会仔细欣赏一下这个房间。"

亚当森走到墙边，用手在木板上一擦，说："我想这是英国橡木，是不是? 意大利橡木的质地不是这样的。""是的。"伊斯曼高兴地站起身来回答说："这是从英国进口的橡木，是一位专门研究室内装饰的朋友专程去英国为我订的货。"

伊斯曼谈话的兴志越来越高，带着亚当森仔细地参观起自己的办公室，兴奋地对他一一介绍了办公室的每一个装饰，两人从木头的质量谈到比例，慢慢又涉及到了色彩、做工、价格等各个方面，最后又详细介绍了他设计的经过。亚当森微笑着聆听，并也表现出极大的兴趣。

就这样两人一直进行着知己一般的攀谈，直到亚当森告别的时候，俩人都未谈及生意。但那却是胜券在握的事了。亚当森不但得到了大批的定单，还得到了与伊斯曼终生的友谊。一切事情就因亚当森精湛的口才艺术发生了不可思议的改变。设想如果换做一个一进门就谈生意的人，或许没等几分钟就会被撵出门外。

赞美是一个非常美好的词，它是对对方长处的一种肯定，代表着赞美方对被赞美方最真挚的感情。亚当森之所以能拿下订单，并不仅仅是由于他能说会道，还出于他以自己专业的眼光对对方的设计表现出发自内心的赞美，并将他表现得恰如其分。使对方的自尊心和荣誉感得到了充分的满足，并有了一种相见恨晚的感觉。如此一来生意也就落到了对方认为的"自己人"手里。

著名社会关系研究专家卡斯利博士这样告诫人们："大多数人选择朋友，都是以对方是否出于真诚而决定的。如果你与人交往不是出于真心诚意，那么要与他人建立良好的人际关系是不可能的。"赞美也是如此，它不但需要恰如其分，更需要由衷的诚恳，因为真正的赞美不是溜须拍马，不是阿谀奉承，而是一种发自内心的独白。如果你真能做到这一点，相信没有任何人会拒绝你的这份情谊，那么你们接下来的交谈也绝不会再出现任何阻碍与隔阂。

而立箴言

赞美是世间最美好的话语，它能够让人心情愉悦，它能够让人燃起希望和斗志，它能够让人觉得自己是有价值的。作为30岁的男人，要想让自己在社交的道路上更加顺利，就必须学会真诚地赞美。它不但可以帮你成为一个倍受欢迎的人，还会让你在遇到难处的时候左右逢源。它虽然不过是简简单单的几句话，却饱含着深厚的情谊。所以，大声地赞美吧，相信你一定可以用你的真诚赢得所有人的心。

社交场合，别摆架子

有些人，生怕别人看不起自己，所以总在人前摆着一副高傲的架子。却不知越是这样，别人越会对他皱起眉头。其实，在与他人交往的过程中，大家还是喜欢和那些谦虚谨慎，随和友善的人做朋友。作为一个 30 岁的男人，一定要克制住自己内心的那种自命不凡的高傲，因为只有放下架子，你才能看到这个世界上最真实的自己，才能够得到更多人的认同和友谊。

五代时，骁将王景有勇无谋，凭一身武艺为梁、晋、汉、周四朝效力，做到了节度使，宋初被封为太原郡王，死后被追封岐王。他的几个儿子也和他一样，除骑射之外别无所长。大儿子王迁义跟随宋太祖打天下，功不大，官不高，却自以为了不起，好夸海口，经常抬出他父亲的大名来炫耀，逢人便宣称"我是当代王景之子"。人们听着好笑，都称他为"王当代"。

这样的人在现实生活中还是经常能看到的。具有骄矜之气的人，大多自以为能力很强，很了不起，做事比别人强，看不起别人。由于骄傲，他们往往听不进别人的意见；由于自大，他们做事专横，轻视有才能的人，看不到别人的长处。

30 岁的男人，最爱犯的一个错误就是总爱在人前摆摆架子，让人觉得自己是有身份的人，很有学问也很有能力。这种高高在上的感觉让他们很有成就感，却不知自己的自得给对方带来了一种很不舒服的感觉。尤其在第一次见面的时候，过分地抬高自己，会让对方备受压抑，结果可想而知，人家一定会对你敬而远之，想进行更深一步的交流绝对是不可能的。

要想和别人交朋友，首先就要懂得放下自己的架子，用谦卑的心去接近对方，感动对方。即便自己很优秀，也要表现出还有很多地方要向对方学习的姿态。只有这样，交谈的氛围才能更加和谐，你也更容易靠近对方的心灵。毕竟，这个世界上没有任何一个人喜欢跟自视清高、自以为是的人打交道。

据说有一位外国人早晨路过一个报摊，他想买一份报纸却找不到零钱。这时他在报摊上拿起一份报纸，扔下一张10元钞票漫不经心地说："找钱罢！"报摊上的老人很生气地说："我可没工夫给你找钱。"从他手中拿回了报纸。这时有又一位顾客也遇到类似的情况，然而他却聪明多了。只见他和颜悦色地走到报摊前对老人笑着说："你好，朋友！你看，我碰到了一个难题，能不能帮帮我？我现在只有一张10元的钞票，可我真想买您的报纸，怎么办呢？"

老人笑了，拿过刚才那份报纸塞到他手里："拿去吧，什么时候有了零钱再给我。"

第二位顾客之所以会成功地拿到报纸，就是因为他付出了一份尊重，所以打动了人心，尽管他没付1分钱，却得到了报纸（当然，有了零钱还是要付的），这是因为人与人之间的关系不能仅仅用金钱来衡量。

按理说，第一位顾客也是愿意付钱的，但是他却没有意识到，由于自己没带零钱会给售报的老人带来找零钱这样不必要的麻烦，也就是说在除了报纸的价值之外，老人还必须向他提供额外的服务。而第二位顾客却清楚地意识到了这一点，并且特别为这一点向老人表示了自己的道歉和感激，而且非常有礼貌和涵养。这种礼貌和尊重使气氛变得十分友好和谐，接下来的协商也会就这样很顺利地完成了。

简简单单买一份报纸，在很多人眼里都是一件很平常的事情，但是就是从这样一个很平常的事情，我们就可以看出放低姿态对于一个人来说会收到多么大的效果。它能够拉近人与人之间的距离，能够让彼此的交谈更加融洽和谐，还可以在进一步的沟通中达到自己的目的。这就是社交的艺术，你没有必要一味地摆出一副高傲的架子，放下它，也许你将会得到更多。

张宁不久前去参加一个非专业性会议，到会六十多人，没人认识他这个处级干部，也没人理他。他自己由于当了几年官，已经养成了让别人找自己搭话、围着自己转的习惯，当然不会主动去找别人聊天。结果游玩时，别人成群结队，有说有笑，玩儿得很开心，而他却独自一人，玩儿得很乏味。张宁这时候才想到，自己真的很少找别人聊天，天天又板着一副面孔，别人当然不会与自己结交。意识到这一点后，他就主动找别人聊，会议结束时也交了几位朋友。

越是摆架子，挖空心思地想得到别人的崇拜，你越不能得到它。能否获得别人的崇拜，取决于值不值得别人尊重，有无虚怀若谷的胸襟。

身处的职位越高，越要求你具备相应的威严和礼仪，不要摆架子，扮"黑脸"，"翘尾巴"。即便是国王，他之所以受到尊敬，也是由于他本人当之无愧，而不是因为他的那些堂而皇之的排场及其身份、地位。

真正有骨气的人并不看重自己手中的权力和财富，也不看重那些虚无缥缈的名利；而是用这些权力和财富去为更多的人造福，为更多的人提供便利。架子与权力和金钱无关。一个只会靠端架子摆威风树立自己威信的人，那他最终只能成为一个孤家寡人，越活越辛苦，越活越没有意思。

而立箴言

别以为摆架子能够为你赢得更多的尊重，相反它很可能把你打造成一个可怜兮兮的孤家寡人。要想在社交这条路上走得更顺利，30岁的男人一定要学会做一个有谦和力的人。所以，还是先放下你那摆了很久的架子吧！当你真正放低姿态去面对身边的每一个人时，你一定会收获更多的友谊与微笑。

用微笑打动身边的每一个人

微笑，是人类最基本的动作。微笑，似蓓蕾初绽，洋溢着沁人心脾的芳香。它的力量是巨大的，甚至可以说是神奇的，阳光般的笑容可以感染身边的每一个人，使彼此多云的心情渐渐晴朗，让生疏的彼此日渐亲密。作为一个 30 岁的男人，如果你能够时刻保持阳光而自信的微笑，那么你除了能给自己带来一份好心情以外，你还会收获更多的赞美和友谊。

二十几岁的时候，我们只对自己喜欢的人微笑。那时候我们不懂微笑的力量，只是凭着自己的感觉去行动。到了 30 岁，我们的步伐越来越从容淡定，经历了社会的磨炼，意识到了微笑在社交场合的重要性。当你带着自己阳光般的微笑去与人握手交谈，一种亲切感就会在你们彼此之间油然而生。这种神奇的力量总是能够深深地打动对方，即便是有些时候你们的观点并未一致，也不会因此而大发雷霆。中国有句古话，叫做："伸手不打笑脸人。"说的就是这个道理。如果你想拉近与对方的距离，如果你想和对方交朋友，那么请先试着去向他微笑吧，相信他一定能够给你带来神奇的力量，使你毫不费力地达到自己的目的。

捷克是英国一家小有名气的公司的总裁，他还十分年轻，并且几乎具备了成功男人应该具备的那些优点。他有明确的人生目标，有不断克服困难、超越自己和别人的毅力与信心；他大步流星、雷厉风行、办事干脆利索、从不拖沓；他的嗓音深沉圆润，讲话切中要害；而且他总是显得雄心勃勃，富于朝气。他对于生活的认真与投入是有口皆碑的，而且，他对于同事也很真诚，讲求公平对待，与他深交的人都为拥有这样一个好朋友而自豪。

但初次见到他的人却对他少有好感，这令熟知他的人大为吃惊。为什么呢？仔细观察后才发现，原来他几乎没有笑容。

他深沉严峻的脸上永远是炯炯的目光，紧闭的嘴唇和紧咬的牙关。即便在轻松的社交场合也是如此。他在舞池中优美的舞姿几乎令所有的女士动心，但却很少有人同他跳舞。公司的女员工见了他更是如遇虎豹，男员工对他的支持与认同也不是很多。而事实上他只是缺少了一样东西，一样足以致命的东西——一副动人的、微笑的面孔。

微笑是一种宽容、一种接纳，它缩短了彼此的距离，使人与人之间心心相通。喜欢微笑着面对他人的人，往往更容易走入对方的心底。难怪有人说微笑是成功者的先锋。

在生活中，我们最喜欢看到的，就是笑容可掬的脸庞。处于陌生的环境，一个微笑，就能溶化所有不安。人际关系有了芥蒂，看到一张微笑的脸，不愉快也就烟消云散了。生活中碰到困难，一个鼓励的微笑，困难窘迫仿佛有了转圜的空间。沮丧的时候，一个理解的微笑，沉到谷底的心会得到温暖的慰藉。许多人的成功，是因为他的魅力、有亲和力。而个性中，最吸引人的，就是那亲和的笑容。行动比语言更具说服力，一个亲切的微笑正告诉别人："我喜欢你，你使我愉快，我真高兴见到你。"

推销员布雷特去拜访一位有购买意向的客户，最后却灰头土脸地回来了。让人更加沮丧的是，一位客户打回访电话，本来是要订购产品的，却被布雷特没好气的回话给弄僵了。经理了解到这些情况后，微笑着对布雷特说："为什么不再去拜访一次？不要有太多的压力，调整好心态，记住微笑有神奇的魔力，即使是在接听电话的时候，对方也能感受到你的微笑……"

结果，他脸上快乐、谦逊、真诚的微笑感染了他的大客户，爽快地签订了协议。布雷特高兴不已,马上联系先前给他打电话的公司。他努力微笑着,气氛缓和了,对方的不满消除了,并表示下周会把款汇过来。

布雷特已经结婚8年了,由于长期以来沉重的工作压力,似乎很久没有和妻子交流了。"微笑能带来传奇",布雷特想到了这句话。他决定看看微笑会给他的婚姻带来什么。

回到家他主动和做家务的妻子打招呼,微笑着注视妻子,说:"我回来了!你今天还好吧?"妻子惊愕地抬头看着丈夫:"你是在问我吗?"她连忙给丈夫端来煮好的咖啡,开始讲可爱乖巧的孩子们的趣事。布雷特这才注意到,原来工作以外还有这么多幸福和快乐的事情在发生,而且一切都是因为自己的微笑。

从此,他开始保持自己的微笑,他主动向电梯管理员、大楼门口的警卫、公司的打字员微笑,后来他发现微笑不仅改变了自己的心情,他还从那些人那里得到了许多帮助和方便。

微笑是一种温柔却又强大的东西。有这样一句话——我看到一个人脸上没有微笑,于是我给了他一个微笑。真应该感谢第一个说这句话的人,因为他让每个听到这句话的人都泛起了微笑。

人们常说:"有了微笑,人类的感情就有了沟通的可能。"确实,微笑可以缩短人与人之间的距离,化解令人尴尬的僵局,是沟通彼此心灵的渠道,使人产生一种安全感、亲切感、愉快感。微笑,又是拉近两人距离的最快捷方式。当你向别人微笑时,实际上就是以巧妙、含蓄的方式告诉他,你喜欢他,你尊重他,你愿意和他做朋友。这样,你也就容易博得别人的尊重和喜爱,赢得别人的信任。

生活中多一些微笑，也就多了一些安详、融洽、和谐与快乐。朋友，展露出你那甜甜的微笑吧！从一个最淡的微笑开始，打动身边的每一个人，营造自己一流的人际关系。

而立箴言

微笑是一个简单的表情，但在这简单的表情之下洋溢着一种对人的热情和友好。30岁的男人，拥有着一个成熟男人所有的特质。在别人看来一个成熟男人的微笑是最有感染力的。所以用你真诚的微笑去面对身边的每一个人吧，向对方友好地伸出双手，相信你一定能够赢得对方的欣赏，成为他们值得信赖的朋友和伙伴。

别让欺骗断送了你的人脉

我们都听说过"狼来了"的故事，也知道欺骗会给一个人带来多么大的损失，可是这个世界总是会有人与真理背道而驰，最终只能是欺骗了别人，也害苦了自己。人到了30岁，不论是从成熟的角度，还是从道德的角度都应该做一个正直的人，用自己的真诚去感染身边的每一个人，千万不要让欺骗断送了自己的人脉，断送了自己的美好前程。

当别人问起你是什么院校毕业时，当别人想了解你在公司里的职位时，当你面临一些自己不想回答的问题时，你会怎么做呢？有些人说自己会沉默,但这并不现实,因为这样是对对方的不尊重。这时候有些人作出了一个不应该做的选择,那就是欺骗。他们希望欺骗能够帮他们在人前表现得更完美,希望能够以此来摆脱对方追问的尴尬。但是,你有没有想过,一旦这种行为成了一种习惯,一而再再而三地出现在你身上,总有一天你会因为你的欺骗付出惨痛的代价。

周幽王是周朝的最后一个君主。他当政的时候昏庸无道,不治理国家,整天在后宫和美人嬉戏。周幽王特别宠爱一个叫褒姒的妃子,什么都满足她,可是褒姒却从来不笑。周幽王想了很多办法来逗褒姒,想让她笑一笑,可是,他越是想让褒姒笑,褒姒越是沉着脸,故意不笑。为了博得美人一笑,周幽王真是伤透了脑筋。

有一天,周幽王带着褒姒到外面游玩,他们到了骊山烽火台。周幽王向褒姒解释烽火台的用处,告诉她这是传报战争消息的建筑。那时候,从边疆到国都,每隔一定距离都修一个高土台,派士兵日夜驻守,当敌人侵犯边境的时候,烽火台上的驻兵立刻点燃烽火,向相邻的烽火台报警,这样一路传递下去,边境发生的情况很快就能传到京城。而一旦国都受到威胁,骊山的烽火台也点燃烽火,向附属于周朝的诸侯国传递消息,诸侯国就会立刻派兵来援助。褒姒听了周幽王的话后,不相信在这样一个高土堆上点把火,就能召来千里之外的救兵。为了讨得褒姒的欢心,周幽王立即下令,让士兵点燃烽火。烽火在一个接一个的烽火台上点燃,各地的诸侯很快就得到了消息,以为国都受到进攻,纷纷率领军队前来救援。

可是当各路诸侯匆忙赶到骊山脚下时，却看见周幽王正和妃子在高台上饮酒作乐，根本就没有什么敌人，才知道自己被国王愚弄了。诸侯们不敢发脾气，只能悻悻地率领军队返回。褒姒看到平时气度不凡的诸侯们，被戏耍后都是一脸的狼狈相，觉得很好玩，忍不住微微一笑。周幽王一见宠爱的妃子终于笑了，心里痛快极了。等诸侯王都退走了以后，周幽王又让士兵再点燃烽火，诸侯们又急匆匆地带着军队赶来了。周幽王和褒姒一见诸侯们又上当了，在烽火台上一起哈哈大笑。就这样，周幽王反复点烽火，戏弄诸侯。最后，当烽火再点燃时，已经没有一位诸侯再上当了。

过了不久，周幽王想立褒姒为皇后，立褒姒的儿子为太子。为了达到目的，他废掉了皇后和太子。皇后的父亲是申国的国王，听到自己的女儿被废，非常生气，立刻联络别的国家，发兵攻打周朝。周幽王赶紧下令点燃烽火，召唤诸侯。可是诸侯们已经不再相信周幽王了，任凭烽火不断，就是没有一个诸侯前来救援。很快，周朝的国都就被攻破了，周幽王被杀死，褒姒被抓走，周朝灭亡了。

一个国家不诚实，那么等待它的只有灭亡，同样一个人不诚实，就会在人生的道路上处处碰壁。不论是做生意还是交朋友，讲的就是"信义"二字，如果在工作、生活中因为一时的得失而愚弄了对方，那么从此以后就再也不会有人相信你，帮助你了。

古时候有这样一个故事：

曾子是一个诚实守信的人。一次，曾子的妻子要去赶集，孩子哭着闹着也要去,妻子便哄孩子说:"你不要去了,我回来杀猪给你吃。"她赶集回来后,看见曾子真要杀猪,妻子连忙上前阻止。曾子说,你欺骗了孩子,孩子就不会信任你。说着,便把猪杀了。曾子不欺骗孩子,也培养了孩子诚实守信的品质。

这些故事虽然都很老套,但是却告诉我们一个永恒不变的真理,那就是欺骗别人的人,总有一天会自食其果。在这个充满诱惑,而又复杂多变的时代,很多人都因各种各样的原因迷失了自我,他们欺骗着别人,也同时被别人欺骗着。就这样他们不知道该相信谁,甚至对自己都产生了怀疑。还有人坦言:"这个世界上我不相信任何人。"可是他们没有意识到,如果人与人之间没有任何的信任可言,那么我们又该怎样生活呢?如果人与人之间没有了真诚,那么整个世界又将是什么样子呢?

作为30岁的你,一定是个明智的人。在经历了社会的风吹雨打之后,就会明白真诚的可贵。其实这个世界上还是善良的人多。只不过每个人的内心多多少少都有些害怕被欺骗。只要你能够做一个正直的人,用自己诚实和友善去感染他们,相信你一定会得到不少的收获。但最重要的是,你可以自信地说:"我依然活在真实里面,我是个真实的人。"

而立箴言

30岁的男人,应该活在真实里。对于别人,你欺骗得了一时,却欺骗不了一世。中国有句老话叫做"纸里包不住火",当真相遮掩不住的那一天，自己该多么地尴尬。除了脸上过不去以外，以后谁还敢相信你呢？由此看来，欺骗真的是人类的敌人。我们都已成熟，还是保持那个真实的自己吧，他不但能够保存你的人脉，还关乎到你的命脉。如果一个人最终连自己都难以相信的话，那么他的命运一定是可悲而遗憾的。

不要嫌"礼"太麻烦

讲礼貌是中华民族的传统美德，但是除了礼貌以外"礼"还有更深一层的含义。孔子曾经说过："不学礼，何以立。"别说这些讲究已经过时了，如果你能够灵活地应用礼节，在特别的日子送上自己特别的问候和祝福，那么别人也一定会有所反应。作为30岁的男人，一定要拿出自己的绅士风度，只要你能将这些做到位，那么你就绝对能在社交场上处于不败之地。

二十几岁的时候我们抱怨家长的礼节太多，好东西不留在家里，偏偏要送出去。过节不老老实实在家看电视，非要大包小包地送来送去。当我们日渐成熟，才渐渐明白他们的良苦用心。中国是最讲礼节的国家，尽管随着时代的发展，很多礼节都已经简化了，但是对于自己认为很重要的人，这"礼"的功夫还是要做到位。只有这样，对方才能感觉到自己在你心目中的重要性，才能感受到你对他的友好和热情。

多礼不仅仅是一种例行公事，还必须充分表现自己的诚恳，礼多而不诚恳，只能让人认为你是个非常虚伪的人，这反而会让对方无比厌烦。只有诚恳了，才能更加恭敬，才是真正意义上的礼貌。

在人际交往中，自己的社交圈子，本身就是一个小型的、独立的、物以类聚的群体。要想和其中的人建立、保持良好的关系，让对方更容易接受你的意见，你就需要以一定的形式表达一下你对对方的情感，一份精美的小礼物往往就是一个最佳的载体。

莱恩大学毕业好多年了，仍然和昔日的同学联系密切，互通往来。每逢他生日和圣诞节，他总是能收到好多朋友和同事的祝福，有的发信息，有的打电话，有的发电子邮件，有的通过传统的信件表达自己的祝福，有的寄卡片，还有的寄来生日礼物。

莱恩专门腾出壁柜里最大的一间格子储存这些信件和礼物，两年的时间，里面已经装满了各式各样的礼物和漂亮的卡片、信封。

"你真有人缘，收到这么多礼物！我现在就只有你还送我礼物，以前的朋友都没有联系了……"前来"参观"的一位朋友羡慕地感叹着说。

"这些不只是老朋友送的，还有同事和平时认识的一些人……我自己平时喜欢送给别人礼物表达我自己的感情，别人自然会以对等的方式回报我了，礼多人不怪嘛，看到礼，会睹物思人，自然联系就紧密了。"莱恩开始指点着礼物，向朋友讲述着送礼物人的情况。

由此可见有的时候你给予别人的虽是小恩小惠，可获得的往往是难以想象的大功效。你不要再抱怨自己没有朋友，不要再抱怨自己的昔日的伙伴没有和你联系，而应该好好想想，你有没有主动地和他们联络联络感情呢？有的时候一张精美的小贺卡，一条温馨的生日短信，都可以帮助你传递那体贴而美好的情谊。这一切都花不了几个钱，但却可以很好地保持住自己的人际关系，就看你愿不愿意付出行动，愿不愿意拿出自己的真诚。其实这个世界上，人与人之间的距离说远很远，说近也很近，只要你能够主动起来，那么对方一定会因你而感动快乐。

说到这里想起了这样一个古代故事：

传说唐朝贞观年间，东夷米国为了表示对唐朝的爱戴，派特使者米伯高带着一大批宝物和一只长得十分可爱的白天鹅，去长安朝见唐太宗。一路上，米伯高对白天鹅悉心照料，唯恐它受到什么委屈。行至大潭（今高平镇谭村），米伯高见天鹅有些口渴，身上也有点儿脏，就让天鹅在大潭湖边喝水洗澡。不料，天鹅饮水沐浴后展翅高飞。米伯高急忙带人追赶，趁天鹅落地休息之际猛扑上去，结果只抓到一根鹅毛，国宝天鹅飞走了。

天鹅飞走以后，米伯高急坏了，他想来想去也无计可施，只好把抓到的那根鹅毛用绸缎仔细包好，然后又写了一首打油诗，硬着头皮去见唐太宗。诗中写道：

天鹅贡唐朝，山高路远遥。

大潭湖失宝，倒地哭号啕。

上复唐天子，请饶米伯高。

礼轻情意重，千里送鹅毛。

唐太宗李世民看了这首诗后，不但没有责怪米伯高，反而非常高兴地收下了礼物，并赏赐给米伯高不少丝绸、茶叶、瓷器和一匹宝马，还留他在京城住了一段时间。米伯高对唐太宗的盛情款待非常感动，回国后对唐朝大加赞赏。后来，人们就用"千里送鹅毛"来形容"礼轻情意重"了。

尽管天鹅飞了，但是情谊还在，在这里我们不得不钦佩唐太宗的宽容大度，同时我们也看到了"礼"对于一个人的真正意义。有的时候我们并不会在乎对方送的是什么，而只是在乎对方是否记得自己，在乎自己，只要彼此之间的情谊在，即便只是送上一张纸片，那都是属于自己的无价之宝。人与人之间的感情是难以用金钱买到的，一份小小的礼物就完全代表了自己的心意。它不拘大小和轻重，只要礼物能恰当地传递心意，想必受礼者都是能够高兴接受的。

30岁的男人，应该明白"礼"在中国人眼中的重要性。有的时候一份小小的礼物很有可能就是一道崭新人脉关系的开始。尽管我们已经在社会上历练了几年，但是在人脉积累方面还是有限的。人们常说："多一个朋友多一条路。"懂得"礼"就是懂得如何把这条路铺得更宽阔，更平坦。所以，不要嫌"礼"太麻烦，常言说得好"礼"多人不怪，为了自己能在社交场上如鱼得水，现在就在"礼"字上好好下下功夫吧。

而立箴言

如果说二十几岁的时候要为自己的事业打拼，那么到了30岁的时候你就要开始自己的人脉争夺战了。想让自己获得更多的成功，单打独斗是不可能的，我们需要帮助，所以我们必须领会"礼"的重要性。如果说二十几岁的时候你觉得"礼"是一件很麻烦的事情，那么 30 岁你一定要警醒了，有了"礼"你就不会再孤立无援，有了"礼"你就会得到更多的祝福，既然它能够给你带来那么多好处，麻烦一点又何妨呢？

第八章
完美 30 岁,搞定职场那些事儿

二十多岁的时候,你跌跌撞撞地走出了象牙塔,开始在自己的职业仕途上不断打拼,埋头苦干了七八年,现在真的应该有所发展和提高了。30 岁的男人应该在自己的职场生涯中有更高的定位,面对"办公室政治"也有着自己独特的处理办法。尽管我们还很年轻,但是这么长时间的职场历练已经让我们变得踏实而老练。在 30 岁的男人看来,职场是个充满挑战的地方,同时也是自己施展才华的地方。职场里的那些事,虽然有时还是会让自己有些措手不及,但是比起那些刚进入公司的毛头小子来说,自己绝对有充分的把握将他们全部搞定。

从容竞争，你是笑到最后的那个人

职场风云变幻，每天都存在着激烈的竞争，尽管很多人都声称"共赢定天下"，但是面对每一天你来我往的挑战，30岁的男人仍然需要沉着冷静，勇往直前。竞争不是坏事，没有竞争世界就不会发展，但是竞争又是残酷的，没有人知道下一个被淘汰的是谁。究竟该何去何从呢？还是让我们从容面对吧！相信那个笑到最后的人就是你。

不可否认的是，在任何一个领域内，人与人之间都存在竞争。有人给竞争下了一个定义，那就是两个或两个以上的个人、团体在一定范围内为了夺取共同需要的对象而展开的较量过程。大千世界，因为存在竞争而充满生机和活力；芸芸众生，也由于竞争才能使人才脱颖而出。时代的每一步发展，社会的每一次变革，无不充满竞争。竞争的结果就是优胜劣汰，成功者前进，失败者落伍。古往今来，概莫如此。

30岁的男人从踏入社会的那天起就在经历着各种各样的竞争。应聘要竞争，升职要竞争，抢占客户和市场还是要竞争。这一切的一切一定给你带来不少的压力。以至于你再坚强的外表也经常有彷徨的表情，不知道应该向左还是向右。当上司拍着你的肩膀告诉你要好好干的时候，楼上楼下已经积聚了不少嫉妒的目光，当你和主管发生争执的时候，显然旁边就有人站在那里坐山观虎斗，这一切的一切只说明着一个道理，那就是竞争这场游戏，你没那么容易玩儿得转。

积极的竞争能给生活带来生机，能使工作和学习产生动力，这都是不容置疑的。然而，在看到其积极的一面时，你却没有理由忽视它所存在的另一方面。由于不能正确认识竞争而造成的负面影响，一位自寻短见的大学生在写给父母的遗书中悲伤地感到，未来社会是一个竞争的社会，不善于竞争者则不能生存，像自己这样的人怎能适应呢？每天处在使人十分厌倦的这种充满竞争的学习环境之中，还不如及早地彻底解脱。某公司的一位干部也因长期处在一种激烈的竞争气氛中，感到十分沉重的压力，终于不堪重负而做出了极端的行为。类似于这样的事例并不少见。人们在叹息之余，也不由自主地去认真思考其悲剧的原因所在。

人的一生中充满了竞争，竞争促进了社会的前进，所以每个人都应以乐观向上的态度投入竞争。竞争之中保持良好的合作，成功之后不忘提携幼弱，切不可为争一日之长短而做出有失品德的事情。职场上的竞争与做人是不矛盾的，良好的品格修养只会让竞争更有利于人的全面发展。

有句俗语："人在江湖漂，哪能不挨刀。"这话并非仅仅是指技不如人。在微妙的职场里，差之毫厘，谬以千里。在职场竞争中，自己站错队伍，将他人放错位置，都会产生不良的后果。具有健康的竞争心理，对事业发展有着重要的影响。

想到这里让我们来看看下面这则故事：

一名凶恶的农妇死了，她生前没有做过一件善事，她被扔进了火海里。守护她的天使心想："我得想出她的一件善行，好去上帝那里为她说话。"天使想啊想，终于回忆起来一件事，就对上帝说："她曾在菜园里拔过一根葱，施舍给一个女乞丐。"上帝说："你就拿那根葱到火海边去拉她吧。如果能把她从火海里拉上来，就拉她到天堂上去；如果葱断了，那女人就只好留在火海里，仍像现在一样。"

天使跑到农妇那里，把一根葱伸给她，对她说："喂，女人，抓住了，我拉你上来。"天使开始小心地拉她，差一点儿就拉上来了。火海里别的恶鬼也想上来，女人用脚踢他们，说："人家在拉我，不是拉你们。那是我的葱，不是你们的。"她刚说完这句话，葱就断了，女人再度落进火海，天使只好哭泣着走开。

农妇后来才知道，这根葱其实是可以拉许多人的，上帝想借此再度考验一下她，但农妇没有经受住这种考验。

在我们的职场生涯中，类似于这个农妇的人比比皆是，他们认为是我的就是我的，如果我得不到，那么别人也休想得到。正是这种错误的竞争意识，导致他们在自己的职场生涯中频频出错，最终得不到上司的认可，也得不到同事的拥护。每天皱着眉头在办公室里抱怨，自己什么时候才能熬出头来，可他们却从来没有想过，那些熬出头来的人都是怎样成功的。

职场竞争中有成功的就有失败的，有微笑的就有痛哭的，其实结果并不重要，重要的是我们参与了整个过程，也许你觉得这是一句空话，但如果你能够真真正正地去思考一下，再感悟一下自己的人生就会发现，原来那些东西也不过如此，得到了值得庆祝，没得到也不是多么遗憾的事情。

我们都听说过"酸葡萄"的故事：

一只狐狸看到藤架上的葡萄非常诱人，可是跳跃了几次都够不着。于是这只聪明的狐狸说，这葡萄肯定是酸的，不吃无所谓。"酸葡萄心理"是化解忧愁的一剂良药。此外，阿Q的"精神胜利法"对化解沮丧情绪也有奇效，小说中的阿Q若不用这个"精神胜利法"来自慰，恐怕他早已走上极端的道路了。在自我安慰中寻求自我解脱并自得其乐，这是作为一个30岁男人应该而且能够做到的。

竞争很残酷，但是并不可怕。除了迎难而上以外，保持心态也是很重要的。无论结果如何我们还是应该对未来抱有美好的期待。继续努力吧！相信你会是那个笑到最后的人。

而立箴言

竞争是一件很正常的事情，从我们还未来到这个世界的时候，竞争就已经存在了。执著于梦想，展望美好明天，我们应该越战越勇。即便有一天你不得不承认自己失败了，也要记住世界上还有"失败是成功之母"这句话。成功的人总是少数，但是只要你能持之以恒，就一定是那少数中的少数。

忠于上司，你才会有更好的发展

上司是我们的老板，他的地位很重要，他决定着我们的升迁，也决定着我们的去留。面对这样一个掌握自己职场命运的人，我们应该如何与他相处呢？其实在上司的心里，早就有了一把衡量好赖员工的尺子，那就是"忠诚"。所以用心去做一个忠心耿耿的好员工吧！只要你真的能做到这一点，更好的发展一定会在不远处等着你。

有的时候我们总会这样问自己，老板到底喜欢什么样的员工呢？太有才华的，他担心留不住，太过平庸的，他又宁缺勿滥。过于拍马的，他认为是油嘴滑舌。过于沉默的，他又说缺乏激情。其实，作为一个上司，最担心的就是自己的军心不稳，所以他最渴望的，就是自己手下的每一位员工都对自己忠心耿耿。然而，时代在不断地变换着，如今的工作都是双向选择，公司看不上的人可以不要，公司看上的人可以不要公司。即便是进了公司，有了更好的发展，另谋高就的人也是大有人在。所以这时候，"忠心"难求可以说是很多上司最大的感触。

忠诚是职场中最应值得重视的美德，只有所有的员工对企业忠诚，才能发挥出团队的力量，才能凝成一股绳，心往一处想，劲往一处使，推动企业走向成功。一个公司的生存需要依靠少数员工的能力和智慧，但更需要绝大多数员工的忠诚和勤奋。

有的时候上司在用人时不仅仅看重个人能力，更看重个人品质，而品质中最关键的就是忠诚度。在这个世界上，有能力的人到处都是，但只有那种既有能力又忠诚的人才是每一个企业企求的理想人才。我们宁愿相信一个能力差一些却足够忠诚敬业的人，也不愿意重用一个朝三暮四、视忠诚为儿戏的人，就算他真的有过人的能力。如果你是上司，相信你肯定也会这么做。

30 岁的年纪，正是为自己的事业奋力打拼的时候，想在职场上有更好的发展，就一定要摸透老板心里在想什么。更何况反反复复的跳槽只会让你经历一个又一个的试用期，与其跳来跳去，不如稳扎稳打地在一家公司好好地干上十几年，说不定有一天你的上司就会给你一个意想不到的惊喜。

在一家房地产公司，杨辉获得了一份电脑打字员的工作。打字室与上司的办公室之间只隔着一块大玻璃，上司的举止他只要愿意就可以看得一清二楚。但他从来不往那边多看一眼，每天只是埋头工作。他每天都有打不完的材料。工作认真刻苦是他唯一可以和别人一争短长的资本了。在工作中，他处处为公司打算，打印纸从来都不舍得浪费一张。如果不是要紧的文件，一张打印纸都是两面用。后来，一次吃饭的时候，上司告诉杨辉，他特别欣赏他这种节俭的作风。

后来，受大气候影响，纽约的房地产市场出现了大滑坡，在全纽约都很难找到一家生意景气、红火的房地产公司。上司在一项工程上投入的 2000 万美元被全部牢牢套死，资金运作困难重重，

员工的工资开始告急，许多职员纷纷跳槽。到第二年 5 月底，公司总经理办公室的人员就只剩下杨辉一个了。人少了，他的工作量也陡然加重，除了打字，还要管接听电话、为上司整理文件等杂

乱活儿。杨辉却无一丝怨言，而且他留心收集一些对上司有利的信息。

有一天，杨辉直截了当地问上司："您认为您的公司已经垮了吗？"

上司很惊讶，说："没有！""既然没有，您就不应该这样消沉。现在的情况确实不好，可许多公司都面临着同样的问题，并非只是我们一家。而且，虽然你的2000万美元成了一笔死钱，可公司并没有全死呀！在芝加哥，我们不是还有一个公寓项目吗？只要好好做，这个项目就可以成为公司重振旗鼓的开始。"

他说完，拿出关于芝加哥项目的策划方案。上司埋头看了好一会儿，然后，抬起头，满脸都是惊讶："对不起，我真是没有想到。以前，我太有眼无珠了！"

几天之后，杨辉被派往芝加哥。在芝加哥，他整整干了两个月。结果，那片位置并不算好的公寓全部先期售出。他带着3800万美元的支票，飞回纽约。

公司终于有了起色。不用说大家也知道，杨辉一鸣惊人，飞黄腾达。他成就了公司，同时也推出了全新的自己。

对上司忠诚并不是口头上的，而是要用努力工作的实际行动来体现。我们除了做好份内的事情之外，还应该表现出对上司事业兴旺和成功的兴趣，不管上司在不在身边，都要像对待自己的东西一样照看好上司的设备和财产。另外，我们要认可公司的运作模式，由衷地佩服上司的才能，保持一种和公司同发展的事业心。即使出现分歧，也应该树立忠实的信念，求同存异，化解矛盾。当上司和同事出现错误时，坦诚地向他们提出来。当公司面临危难的时候，和上司同舟共济。

这个世界需要忠诚，整个企业需要忠诚，你的上司同样需要忠诚，想把自己的职场路走好，你首先就要拿出自己那颗忠诚的心去面对自己手头的工作，去勇于承担自己的那份责任，只有这样，你的事业之路才会越走越稳，你才能在职场道路上立于不败之地。

而立箴言

忠诚是一种美好的品格，无论是对企业，还是对上司，你都必须保持好一颗忠诚朴实的心灵。30 岁意味着一种成熟，它让我们明白了忠诚的价值，当你用自己的一颗忠心认真地从事着自己的工作，攻克着一道又一道的难关。相信你的上司一定会看在眼里，记在心里。总有一天，你会因为你的忠诚而得到自己应有的回报。

当同事变成了你的下属的时候

当有一天你得到了升职的好消息，脸上却一点喜悦也没有。因为曾经互帮互助的铁哥们儿成了你的下属，他的心里一定会有些不平衡。于是你的心里开始犯难，这种新的职场关系到底应该怎么相处呢？其实，事情也没有你想象中的那么复杂，只要你能够掌握好与其相处的方式方法，还是可以维护好你们之间的那份真挚情谊的。

30岁的男人一直在为自己的职场升迁努力着，他们为了谋求更好的发展，为了得到更客观的薪水，每天都承受着重大的压力。好不容易盼到了升迁，心里的压力却一点都没减下来，除了担心自己做不好新的工作以外，更重要的还是不知道如何与自己曾经的那些同事相处。必定当年都是一个级别的，大家肝胆相照，荣辱与共，而现在自己却成为了他们的上司，真的有些不适应。但是人到了30岁这个年龄，总不能永远原地踏步啊。所以这时候我们还是先别急着追忆和那些兄弟姐妹的峥嵘岁月，而是应该脚踏实地地将目光转回到现在，找到一条与其正确友好相处的途径才是当务之急。

　　潘阳是一家公司的公关部经理。昔日里打打闹闹、开着过火玩笑的同事们，都夸潘阳脾气好，又有工作能力，在私下里一致赞同推举潘阳做他们的头儿。直到以前的上司调到总部，潘阳真的做了公关部经理以后，情况却发生了变化，同事们和他每天除了例行公事的问候以外，个个都对他敬而远之。原本很好的工作气氛，似乎也因为潘阳的升职而变得紧张和沉闷起来。当潘阳想走近某位同事的时候，他们却刻意和他保持距离。有时他想活跃一下气氛，讲个笑话什么的，也没有人捧场，一个人自说自话很没趣。潘阳真的搞不懂，为什么会这样啊？

　　更惨的是王朔。

　　王朔是几个月之前刚刚被提升为设计部主管的。可是在这几个月的时间里，虽然升了职，但王朔比以前更辛苦更忙碌了，一天下来经常是腰酸背疼的，天天加班加点就更不用说了。设计部的其他同事非但不领情，还在背后说三道四："有本事啊，就把设计部的任务都拿去自己做啊?""既然是人家升职嘛,自然就看不上我们的工作能力啦!""独断专行,什么都是他一个人说了算!"得知这一切的王朔,说什么都想不通,自己辛辛苦苦地工作,怎么会面临这样尴尬的局面呢?

　　新官上任要马上管理旧同事,不少人有类似王朔这样的经历。在同一个团队里工作的人,本来大家地位各方面都是平等的,突然其中的一个人被提升,团队本身的平衡状态被打破,不管是新上司还是新下属,要适应角色都需要一段时间。

　　每个职场人至少都有一两个贴心的同事,你们也许大学毕业后和你同一拨进公司,一起吃饭,一起干活,一起挨骂,一起成长。在工作中,你们是并肩战斗的最佳拍档;在生活中,你们也是无话不谈的亲密朋友。然而时代是充满竞争的,当你在一场竞争中胜出的时候,当他不失友好地为你的升职表示祝贺的时候,你却忽然意识到你们之间的距离在越来越远。这是一种必然,他今后必须服从你的指挥,必须成为你舞台上的配角,这时候无论是你还是对方心里一定都会有些心理波动。

　　从同一级别改变成了上下级的关系,这在很多企业都是经常会发生的问题。一旦处理不好,作为升职者的我们感觉会很尴尬,试想一下如果身边的同事从此以后都对你不冷不热,都与你保持距离,那么作为领导的你岂不是就成为了孤家寡人吗?这绝对是不可取的。

　　30 岁,我们必须精明起来,假如你奉调新职,上任之初,或许你有许多新计划,但摆出新官上任的态度是不明智的,低调一点,以不变应万变,当有下属问你:"这些工作如何进行?"你不妨先问他:

"你们过去是怎样进行的？"待他解释清楚，你可以这样表示："我看问题不大，暂时仍按老办法做吧，过一段时间我们再研究研究。"这样既表示你尊重别人的做法，又不失自己的威严和独特见解。

无论是面对新同事还是旧搭档，你都要注意言行，保持谦虚。另外在上任之后，要尽可能与大家"打成一片"，让大家感觉到你是他们的同路人。俗话说："水清无鱼，人清无友"，只有"见人说人话，见鬼说鬼话"才能得到各色人等对你的认可与接纳。

其实，面对昔日的同事，作为新领导的你没有必要过于拘谨，也许刚开始的时候大家都有些不适应，但是随着时间的流逝，再加上你积极的行动，相信那种不和谐的氛围就会渐渐消失。作为刚上任的"新官"，你应该明白"水能载舟也能覆舟"的道理，没有下属的支持，自己势必无所作为。所以，在上任之后，无论别人对你的态度如何，无论别人在背后怎么议论你，都要有"大度能容，容天下难容之事"的非凡度量，不要对任何人产生任何恶感，不必与下属斤斤计较，否则，你会失掉民心！除此之外，你还要主动地去亲近同事，努力培养自己的亲和力，用自己的实际行动告诉他们"我没有变，我还是我"。这样一来，大家就会打消心中的顾虑，更好地配合你的工作，整个工作团队也会慢慢地步入正轨，而作为刚上任的领导，你的位置才能真真正正地越做越稳。

而立箴言

30岁了，你一定要为自己争取晋升的机会，但当这个机会真的落到了你的手里，你也千万不要就此骄傲自满。因为你昔日的同事都在用审视的目光关注着你接下来的表现。水能载舟也能覆舟，当曾经的同事变成了你现在的下属，你首先要做的，就是要用自己的智慧完美地开创自己在职场团结而和谐的新格局，这应该是你进入新角色以后要做的第一件事情。

应对职场，千万不要"吃独食"

30 岁的你精力充沛，在工作中也表现非凡，很容易做出一番成绩，而这时你就要注意了，千万不要"吃独食"，成果的取得固然与你个人的努力有很大的关系，但是如果没有同事的合作，进展也不会这么顺利，因此面对荣誉时，你的态度应该是：分享、谦逊。

每个人在职场中都希望得到更多的荣誉，因为荣誉越多自己未来的升职潜力就会越大，即便是还没有达到升值的愿望，听到一声领导的认同和赞美，心中也会非常地喜悦，认为自己的工作还是有价值有意义的。作为一个 30 岁的男人，争取更多的荣誉是自己必须要做的一件事情。但是这里面有一个非常大的忌讳，那就是千万不要"吃独食"。

也许你对自己的工作非常尽心尽力，也许你认为这份荣誉是你应得的。但是请不要忘记，你的同事，你的下属，也是这项工作的参与者。没有他们的配合和帮助，单靠你一己之力是很难达到这样完美的效果的。如果这时候你把所有的荣誉都揽到了自己的怀里，而不是以谦卑友好的姿态与大家一起分享，那么当你在需要帮助的时候，还有谁会鼎力支持你配合你呢？职场是竞争的，但同时也是讲感情的，只有你将自己的情感功夫做到家，做到位，与大家一同分享劳动果实，才能得到更多人的认同和赞许，才能在今后的职场生涯中左右逢源，得到更多的帮助和支持。

当你在工作和事业上取得成绩，小有成就时，这当然是值得庆祝的一件事情，你也应当为自己高兴。但是有一点应该注意，如果赢得的这一点成绩是大家集体的功劳，或者离不开他人的帮助，那你千万别把功劳据为己有，否则他人会觉得你好大喜功，抢占了他人的功劳。如果某项成绩的取得确实是你个人的努力，当然应该值得高兴，而且也会得到别人的祝贺。

即使是这样，你也一定要明白，千万别高兴得过了头，一来可能会伤害有些人的自尊心，另一方面，现实社会中害"红眼病"的人不少，如果你过分狂喜，能不逼得人家眼红吗？

威尔斯先生是一家出版社的编辑，并担任下属的一个杂志的主编，平时在单位里上上下下关系都不错。有一次，他主编的杂志在一次评选中获了大奖，他感到十分荣耀，逢人便提自己的努力与成就，同事们当然也向他表示祝贺。但过了个把月，他却失去了往日的笑容。他发现单位同事，包括他的上司和属下，似乎都在有意无意地和他过不去，并回避着他。

威尔斯先生为什么会遇到这种情况？其实原因简单明了，他犯了"独享荣誉"的错误。这份杂志之所以能得奖，主编的贡献当然很大，但这也离不开其他人的努力，他们当然也应分享这份荣誉。他们不会认为某个人才是唯一的功臣，总是认为"没有功劳也有苦劳",所以这位主编的表现,当然会引起别人的不满,尤其是他的上司,更会因此而产生一种不安全感,害怕他功高盖主。

由此看来,对于一个想把自己事业做大做强的人来说,与人分享荣誉是多么地重要,尽管有的时候,那只是一句话的事情,但是却能给自己的处境带来翻天覆地的变化。不会分享的人总会给别人带来一种自以为是的感觉,让人敬而远之。然而,对于那些懂得和大家分享荣誉的人来说,自己永远是大家欢迎的对象,因为他用自己的谦卑和大度感动了身边的每一个人。

在职场生涯中,当你获得荣誉去感谢同事、与同事分享,这好比让同事吃下了一颗"定心丸"。如果你未向同事分享你的荣耀,你必然会受到大家的孤立、反对,他们甚至会成为你通往成功之路的障碍。常言说:"种瓜得瓜,种豆得豆。"如果种下的是妒忌和怨恨,那就绝对难以收获幸福和快乐。学会与同事分享胜利和荣耀,实际上就是在为自己以后的发展投资铺路。

张衡被老板叫到办公室去了,他领导的团队又为公司的项目开发做出了杰出贡献。送茶进去的秘书出来后告诉大家,老板正在拼命地夸张衡,他从来没见过老板那样夸一个人。研发小组的几个人脸沉了下来:"凭什么呀!那并不是他一个人的功劳!""对呀!为了这个项目,我们连续加了 17 天的班!"正在这时,老板和张衡来到了大厅。"伙计们,干得好!"老板把赞赏的目光投向几个组员,"张部长向我夸赞了你们所付出的努力!听说有两个还带病加班是吗?真诚地谢谢你们!这个月你们可以拿到 3 倍的奖金!"老板话音刚落,几个同事就冲过去拥住张衡一起欢呼起来,并表示以后会跟着张部长。

分享不仅是一种修养，更是一种共同走向成功的方式。我们改变了过去那种你死我活的博弈做法，而选择寻找双赢的思路来看待自己的同事和对手。无论是在生活中还是工作中，只要我们学会了分享，我们成功的几率就会多一成胜算，因为在这个多变的世界，单独的成功已经成为过去，共同的成功才是未来。

而立箴言

就算你能力再强，再聪明，也是离不开别人的配合和帮助的，面对当前的荣誉，除了内心的成就感以外，你还应该心存感激。有的时候你的同事和下属并不会在乎你在其中会得到多少好处，而只是希望自己的工作也能得到一种认同。这个时候，分享就变得很有必要。你已经30岁了，不要再想着"吃独食"，把手里的荣誉分给大家，你还会得到比这多得多的回报。

保持好同事之间的距离感

在工作上，同事之间需要鼎力配合，相处融洽。但这并不代表着你们就能成为朋友。再好的同事和朋友也是有区别的。因为必定你们之间存在着利害冲突，同事间也存在着必然的竞争关系。到了

30 岁这个年纪,大家都已经成熟了,面对职场,同事之间还是适当地有些距离的好,这不但可以让你们相处得更加和谐,也可以帮你避免很多不必要的麻烦。

社会在不断进步、经济在突飞猛进地发展,城市在膨胀,早出晚归、东奔西跑,老朋友要见个面比登天还难;蓦然回首,每天和你在一起时间最长的人是谁呢?不是你的亲人,也不是你的朋友,而是你的同事。是谁和你在办公室面对面、肩并肩?是谁和你在厕所喋喋不休、窃窃私语?是谁和你共赴饭局推杯换盏、酒酣耳热?同劳动、同吃喝、同娱乐,现如今同事在一起的内容之丰富,已经与当年不可同日而语,已经非"文化"一词不能容纳,故曰新同事文化。

同事关系好,本是好事。我们来自五湖四海,为了一个共同的目标走到一起来了,心往一处想、劲往一处使,团结互助当然是好的,但是切记同事之间拒绝亲密。同事就是同事,不是朋友,交朋友,除了志趣相投外,忠诚的品格是最重要的,一旦你选择了我,我选择了你,彼此信任、忠实于友谊是双方的责任。同事就不同了,一般来说,同事之间是因为工作需要而互相亲近,共同的利益使你们关系紧密,但当存在利益冲突时你是不可能选择同事的,除非你在人事部门工作。所以,你不能对同事有过高的期望值,否则容易惹麻烦,容易被误解。适当的距离能让你跟他看起来最美。

周涛不是一参加工作就有这种意识的,后来经历了一些事情,想法也就渐渐改变。周涛曾经有一个很要好的朋友,从小在一块玩儿,后来工作了又在同一个部门。这样的缘分是不多的。但是有一天碰到了升职问题。周涛和他朋友能力差不多,都是候选人。单位领导很头痛，难以取舍之下来了个民主投票，结果周涛胜出。两个人就出现问题了，虽然面子上没什么，但感情明显淡了，很少再讲心里话。不过谁也没有点出来。

要是大家一起升，可能还是好朋友；不在一个部门的话也可能会好点。可命运就是这样。所以这事以后，周涛就决心不在单位交朋友，特别是一个部门的。的确，两个好朋友，不管谁升职，另一个人心里都会不舒服。如果嫉妒心强一点的话，可能会严重到不相往来的地步。不是朋友就没这个烦恼了，退一步说，就算你有什么想法，我也不想知道。

不过周涛解释说，不交心不代表冷淡。他现在对同事都很好很亲切，大家都像朋友。工作上，他很讲原则。不过平日里都跟同事打成一片，比如一起吃饭娱乐，从不端领导架子。这大概可以形容为"等距离交往"吧，没有特别好的，也没有不好的。

社会心理学中的相关理论认为，人们在空间或心理上的接近会使情感上产生亲近感。同事之间有很多机会进行工作、生活、思想上的沟通和交流，成为朋友是一个自然而然的过程。但由于种种因素，比如升职、荣誉、经济利益等，同事间又最容易有矛盾，而且关系越好受伤越深。

好同事并不等于好朋友，朋友圈是 8 小时之外的天地，而同事圈则是 8 小时之内的空间。好朋友之间的友谊多数是建立在共同的性格、经历、爱好、习惯等等不可选择的"天然因素"之上。而好同事之间的友谊固然也不能排除这些因素，但双方之所以能"好起来"的原因则多数是由于共同的工作态度，在单位中共同的地位、处境，共同的工作经验，乃至对某些领导的共同不满，及对某些同事的共同看法等临时性因素的作用。

　　办公室生存法则的第一条，就是搞好群众关系，这主要是为了尽量不给自己树敌。不幸的是这两者之间原本就是矛盾的：办公室是人际关系错综复杂的小社会，有时候你跟某些群众关系搞得太好，就等于跟另外一些群众结怨。有人的地方就有左中右，每个人都会忍不住地要为自己的立场站队，所以在办公室最安全的办法就是不站队：跟每一个同事保持和善、友好的态度，而不发展任何亲密特殊的关系。

　　因此，我们不要妄想自己的同事会成为自己最好的朋友，由于每个人所占的立场不同，个人利益的趋向也不同，对未来的发展和看法也有着自己最自私的一面。所以我们没有必要像要求自己的朋友一样去要求自己的同事，相反我们应该适当地和同事保持一定的距离，不要过于疏远，也无需太过亲密，不远不近的感觉才是刚刚好的感觉。这样不但你们相处得会更加融洽，你的内心也会更加平衡，不管未来出现了什么样的事情，你都可以用一种冷静的态度去处理，而不会因为和同事的那份剪不断理还乱的情分，打乱了自己行为的方向和思路。

而立箴言

　　有句话说得好："距离产生美。"这句话不仅仅适用于那些恋爱中人，在职场的同事关系中也同样重要。30 岁的男人，很容易犯的一个错误就是把自己的同事当兄弟。他不仅会影响到你今后处理问题的正确态度，还有可能使自己在面对竞争的时候无法坚定意志。总而言之，还是保持与同事之间的距离感吧。它不是冷漠，而是一种保护自己、保存实力的有效方式。

别表现得比上司还要高明

这个世界上没有人愿意接受自己没有别人聪明的现实。要不然三国时候的周瑜也就不会被气死了。所以作为一个30岁的的成熟男人，对待上司的时候一定要留一个心眼儿，尽管你能力很强，又聪明机智，但也千万不要表现得比上司还要高明。否则等待你的一定不是一个好的结果。

一般来说，一个精明的领导都会喜欢那些稍带几分愚笨的下属，因为是个领导就想维护自己的成绩和地位。不希望自己的部属超越甚至取代自己。生活中，我们常看到在人事调动中，如果某个领导分到一个有实力的下属，他就会忧心忡忡，担心对方会抢了自己的权位，因而在诸多事情上刁难下属；如果分到的是平庸无奇的，他就会很乐于去指点对方、帮助对方，因为他知道平庸的下属对自己构不成什么威胁的。

因此，作为一个30岁的聪明下属，一定要学会想方设法掩饰自己的实力，以假装的愚笨来反衬领导的高明，力图以此获得上司的青睐和认同。当领导阐述某种观点后，你可以装出一副恍然大悟的样子，并且带头叫好；当你对某项工作有了好的可行办法后，千万不要直接发表意见，而是应该在私下里或是用暗示的方式及时告知自己的上司，同时，再抛出与之相左的、甚至有点"愚蠢"的意见。久而久之，你虽然表现的有点"弱智"，但在领导面前却一定会得到欣赏和赞扬。

大多数的人对于在运气、性格和气质方面被超越并不会大动干戈，但是却没有一个人（尤其是领导人）愿意在智商上被人超越。因为智商是代表着一个人的人格特征，冒犯了它无异于犯下弥天大罪。当领导的总是要显示出在一些重大的事情上比其他人要高明。他喜欢有人辅佐，却不喜欢被人超过。如果你想向某人提出忠告，你应该显得你只是在提醒他某种他本来就知道不过偶然忘掉的东西，而不是某种要靠你解谜释惑才能明白的东西，此中奥妙亦可从天上群星的情况悟得：尽管星星都有光明，却不敢比太阳更亮。

三国时期，曹操的谋士杨修是个聪明绝顶的人。有一年，工匠们为曹操建造相府的大门，当门框做好，正准备做门顶的椽子时，恰好曹操走出来观看。曹操看完后在门框上写了一个"活"字，便扬长而去。杨修见状，立即叫工匠们拆掉重做，并说："丞相在门框上写个活字，意思是'门'中有'活'即'阔'字，就是说门做得太窄小了，要'阔'大。"杨修的确够聪明，竟然能够从一个字揣摩出曹操的心里所想，但他的聪明，也招致了曹操的嫉恨。

建安二十四年，曹操与刘备争夺汉中，屡遭失败。曹军不知道是进还是退，曹操便以"鸡肋"二字为夜间口令，将士们都不解其意，只有杨修明白："鸡肋就是吃起来没什么味道，丢掉又觉得可惜，丞相的意思是要撤兵啊！"他便私下告诉大家收拾行装，随时准备撤兵。没多久，曹操果然下令撤军了。当曹操知道杨修事先把机密告诉大家时，终于找到借口，以"泄漏机密，私通诸侯"的罪名，将杨修杀掉。

虽然当今不会再出现历史上草菅人命的"暴君"，但刚愎自用、妒贤嫉能之人却大有人在。有的人整日忧心忡忡，或害怕别人能力比他强，或担心别人运气比他好。就算你觉得自己的上司不会那么小气，但谁能保证他能够永远保持自己开明、公正、公平的良好作风呢？作为一个30岁的男人，面对上司的时候除了尊敬也要学会适当地掩盖自己的睿智，即便是已经掌握了问题的解决办法，也要用请教的语气去衬托上司的高明。这不是溜须拍马，而是一种保全自己的好方法。在恰当的时候保存自己的实力，是一种明智的行为，否则就会像杨修那样最终落到一个被淘汰出局的下场。

在更多的时候，上司会提拔那些忠诚可靠，但表现可能并不是那么出众的下属，因为他认为这更有利于他的事业。中国有个古老的寓言，叫"南辕北辙"，意思是说，目的地在南方，但驾车的方向却对准了北方，结果跑得越快，离目标越远。同样的道理，如果上司使用了不忠诚的下属，这位下属就是同自己对着干或者"身在曹营心在汉"，那么这位下属的能力发挥得越充分，可能对上司的利益损害越大，因而对自己的前程越不利。

所以，善于处世的人，常常故意在明显的地方留一点儿瑕疵，让人一眼就看见他"连这么简单的事情都搞错了"。这样一来，即使你出人头地，木秀于林，别人也不会对你敬而远之，他一旦发现"原来你也有错"的时候，反而会缩短与你之间的距离。

其实，适当地把自己安置得低一点儿，就等于把别人抬高了许多。当被人抬举的时候，谁还有放不下的敌意呢？要知道，只有当他对别人谆谆以教的时候,他的自尊与威信才能很恰当地表现出来,这个时候,他的虚荣心才能得到满足。

常言道,伴君如伴虎。在上司面前,不讲一些计策是不行的,作为一个 30 岁的男人,最成熟的做法就是该表现的时候表现,不该表现的时候适当地愚笨一些。总而言之,要让上司感觉到他自己的权威和高明。必定这个人很有可能决定着你未来的发展,他的每一句话都与你的命运有着紧密的联系。人们常说:"做人还是要现实一些。"有些时候在人前过分的精明只能代表着你是一个彻彻底底的傻瓜。

而立箴言

领导就是领导,如果身边的下属都比自己高明,那他还能领导谁呢?这个世道并不是每一个上司都那么开明,嫉贤妒能者大有人在。如果你想在这样的领导身边守住自己的饭碗,那么就要学会为自己保存实力。有事儿没事儿的时候留点小错误给他挑,尽管时不时地受些小批评,但你绝对不会有被扼杀或替换的危险。

正确领会上司的意图

有的时候上司想的未必就跟自己说的一致,尽管他们说得很冠冕堂皇,但是自己的内心却未必是这么认为的。做为一个 30 岁的男人,仍然还属于年轻人的行列,要想抓住升迁的机遇,就必须要学会正确领会上司的意图，想上司之所想，做上司之所做。只有这样，你才能真正成为他心目中的头号升职种子。

当自己还是二十几岁的时候，总认为从别人嘴里说出来的话，就是别人的真实想法，于是自己也坦言相告，做了那个最诚恳的傻瓜。到了30岁，职场上也历练了几年，有些人还是不明白为什么对方说的话不是心里话。既然不是发自内心，为什么要说出来。如果你还有这样的疑问，说明你还没有彻底的成长，没有明白这个社会，这个职场的潜规则，如此这般下去，得不到升迁加薪的机会，绝对是一种必然现象。

30岁的男人，应该让自己的思想成熟起来，面对领导的话也要学会了解其中的弦外之音。真正的聪明人总是能够在第一时间猜透领导的真正意图，明白领导说这番话的真正动机。所以总是事能办到领导的意图里，话能说到领导的心坎上。如果你真的能够把自己历练到这个地步，那么还会担心今后没有好的发展吗？由此看来，做下属也有做下属的学问，只有参透这门学问，你才能在今后的职场仕途上步步为赢。

在日常生活中，待人处世也应做到知己知彼，"见什么人说什么话"，对不同的人运用不同的交往之道，随机应变，才能事事顺遂。比如，在和领导相处时，就要根据领导的性格特点和其好恶，对自己的为人处世方式做一些必要的修正，以便迅速赢得领导的好感，建立起一定的感情。在此基础上，领导才会有兴趣深入了解和考查你的才干，并使你"英雄有用武之地"。

廖凡最近得到了一个可靠消息那就是自己的经理准备提拔一个新人做自己手下的主管，这可是一个不错的机会，何况现在自己的业绩也还很不错,去竞争这个职位也不是说没有成功的可能,为此他工作更加努力了,每天都不不停的加班加点,希望自己能在最终胜任这一要职。

一次廖凡在加班,正好经理从他身边经过,看到他这么努力就关切的说:"该休息还是要休息的,别累坏了自己。"然后又试探着问了他一些自己未来前途规划的问题,廖凡满腹雄心壮志的将自己的发展计划说给经理听,还说自己计划在两年之内还要开拓自己职场的一个更好的发展前景。后来经理又跟他探讨了一些自己在管理方面的想法,没想到廖凡却有着自己不同的见解,他侃侃而谈根本没有注意到经理这时候的表情。听了廖凡的想法,经理尽可能的保持微笑,然后频频点头,还说了一些鼓励他的话,这让廖凡觉得自己拿到主管这个位子可以说是胜利在望。

一个月过去了,廖凡的业绩位居榜首,可是没想到的是,经理却没有选择他做自己的主管,而是却则了业绩平平的小张,这让廖凡很不服气,经过多方打听,廖凡才明白,原来经理是经过了四五年的打拼才走到了现在的位置,他最大的希望是自己能够更稳固的在这个岗位上坚持下去,由于廖凡的业绩太突出,让他感到了一种危机感,而且听了廖凡的豪言壮志以后,这种危机感也得到了证实,更何况当经理与他探讨一些管理方面的问题时,廖凡也总是提出很多反面意见,这让对方觉得今后合作难有默契,为了更好的保住自己的位子,也为了让自己今后的工作更加顺利,经理宁愿选择一个工作业绩不好不坏,但是却很听从指挥的小张作为自己的助手,这样一来自己不但可以稳坐钓鱼台,在工作上也不会又太大的损失。

了解到了这一切廖凡,心中为之一振,他开始后悔自己没有领会上司的意图,如今这个哑巴亏只能无声无息的咽下去了。

尊重上司，理解上司，这是最基础的沟通工作。上司需要的下属，是一个尊重自己，站在自己的立场上，体会自己的心意，洞察自己真正的需要的下属。所以，员工要尽量理解上司，才能真正得到上司的信任和重用。在与上司的交流和相处中，无条件执行并不表示没有个人看法，但是出于对全局的考虑，也不要干出彻底否定上级决策的事儿。因此，对上级的决策应在实行的过程中揣摩其意图，把握好掺入个人意见的分寸，从而达到预期的工作效果。了解上级的性格、工作方法和思维方式，不仅可以在实际工作中去揣摩，还可以通过各种途径，如单位聚会、与上司一同出差等机会与其交流，增进彼此了解，以便在工作中更好地配合领导的意图，提高工作效率。

其实，每个领导都希望自己的下属能够按照自己的意愿去办事，但是有些时候出于某种考虑，或是为了维护自己的公众形象，很多事情不好说出口而已。这时候作为下属，还是应该领会对方的意思，知道自己该做什么不该做什么。这是一门学问，也是一门艺术，它不是一味地溜须拍马，而是要你仔细地去观察了解上司的性格、脾气、爱好，即使做不到和上司"心心相印"，但至少也不会因为"哪壶不开提哪壶"而酿成无法弥补的错误。

而立箴言

二十几岁的时候忙于工作，到了30岁除了继续就业以外不要忘记揣摩人心。它不但能够帮助你了解对方的真正意图，还能让你在今后的职场仕途上更加顺利。不管时代怎样发展，"君君臣臣"

之间的微妙关系是永恒不变的。如果你真的想在今后取得更大的成功，就不要去做那只会用蛮力工作的傻瓜，而是应该成为一个掌握职场策略的高手。

适当放权，做个开明的好领导

30 岁的你，也许已经顺利地晋升为主管或者部门经理，在欣喜的同时，繁重的工作压力也就随之而来，如果样样事情都要事必躬亲，那么你总有一天会被累趴下。与其累了半天也做不到事事完美，不如将一些艰巨的任务，交给自己的下属去完成。适当地放权，不仅能赢得下属的感激，还能更好地提高自己的工作效率，这样一举两得的事情，何乐而不为呢？

忙来忙去，忙东忙西，30 岁的你每天都在忙碌中从事着自己的工作。还好上司有良心，给了你晋升的机会，可随之而来的是更加繁重的工作任务。你的工作由一个人去打拼，变成了带领整个团队去打拼。这个时候再像以前一样事必躬亲，那结果肯定是把自己累个半死。就算你精力旺盛，还能勉强将这一切应付下来，也不敢保证自己能够把每件事情都办得既漂亮又完美。

那么这个时候你应该怎么办呢？看看你身边的下属吧！他们有的很轻松地喝着咖啡，有的一脸愁容觉得你不给他展现才华的机会。与其自己费力不讨好，还不如就此下放权力，给每一位下属更多的发展空间，自己只做一些指导协助工作，岂不是两全其美。不但自己的工作负担减轻了，还达到了让下属因为有了锻炼机会而心存感激的目的，在这样轻松愉快的氛围之下，你的团队凝聚力提高了，自己在大家眼中的领导地位也稳固了，你再也不用去担心自己的工作做不完，而自己的下属却在那里无所事事，这样你好大家好的局面还是值得应用和尝试的。

许多主管常常不知道如何把责任下达给部门中的其他人。他们想把每项任务都安排给最合适的人选，但总感到其他员工都不如自己能干。他们对下属单独工作很不放心，一定要把工作一步步地向下属交代清楚，这实在不是个好习惯，相反最成功的管理方式应该是松开手让下属自己去做，给他们充分的权力，且让他们承担相应的责任，只有这样大家才能在职场生涯中不断进步，不断提高。

安吉是一家 IT 公司里的部门经理，是周围同事中最能干的人，他事必躬亲，即使把工作交给别人去做，他也要亲自监督工作的进行。他包揽了部门里所有的决策，因为他不相信任何人的判断力。在下属眼中他是一个喜欢大包大揽的人。

安吉每天工作时间很长，他手头的任务已超过了他可以应付的数量。由于下属总是要打断他请示各种小事，使得安吉很难有一段完整的时间来完成工作，他案头堆积的未处理文件像山一样高。

过了一段时间，公司对安吉部门的工作大失所望。尽管安吉工作非常卖力，但却未能得到高级管理层的赞赏，公司领导对安吉的评价是：没有学会放权管理。

精明的上司总是把任务和责任分派给他人，而且从一开始就有心理准备，会想到结果可能不会像他们亲自去做那样好。上司要做的事情只不过是检查工作结果，然后再告诉手下如何才能把事情做得更漂亮。这样一来他们就帮助下属培养了能力、树立了信心，同时他们能够花费更多的时间用在他们的主要职责即管理上。

中国台湾奇美公司以生产石化产品ABS而位居全球行业前例，其董事长许文龙对于企业内部大大小小的事情，始终是全部授权，从不做任何书面指令，即使偶尔和主管们开开会，也只是聊聊天、谈谈家常而已。很多时候他根本不知道公司图章放在哪里，更奇怪的是，他连一间专门的办公室都没有。因为没有办公室，他经常开车到处去钓鱼，有一次遇到大雨，他想去公司看一看，但是当员工看到他时，竟然惊讶地问道："董事长，没有事你来干什么？"他想了想，说："对呀，没有事来干什么？"于是，他很快一溜烟地开车离开了。

从这个例子中我们不难看到有效放权的巨大效果，它不仅能够减轻领导者的负担，而且充分发挥了下属的主观能动性，有效地提高了工作效率和落实能力。当然作为30岁的我们事业还处于稳步上升阶段，有的时候我们不可能向许董事长一样洒脱，但是我们却可以学习他对于放权的那种态度。只要你用心观察，你就会发现自己的每一位下属都有着他们自己的优点。作为领导只要你能够学会把恰当的工作分配给恰当的人去做，就一定可以使整个团队的战斗实力得到突飞猛进的提高。

作为一名成功的上司，你可以试着离开自己的下属一段时间，尽量给他们留一些自我发展的空间。这样当你回来时，你会吃惊地发现下属在你不在的时候取得了多么令人满意的成绩。离开下属是检验领导者是否成功的最好方式。如果你已经能够培养下属按照你所构想的方式去做，如果你让他们真正承担起自己的责任，如果你能将权力统统下放给他们，那么，当你离开的时候，所有的一切可以照样圆满地成功完成。

作为一名 30 岁的管理者，我们一定要记住我们要做的事情是管理、指导和纠正。而并非身体力行地去参与每一项工作的运作。我们要培养自己下属的工作能力，更要提高自己的管理能力。如果你现在真的已经被烦乱琐碎的工作累得筋疲力尽，那不如从现在开始尝试放权吧！告诉你的下属，这件事情很重要，而你愿意给他们表现的机会。相信你的下属一定会因为感激而尽心尽力地去完成它，向你交上一份满意的答卷。更重要的是，你已经真正完成了自己作为一个管理者的转型。

古人云："无为而无不为。"真正能做到这点那太不简单了。作为一个领导者那可是最高的目标，最高的境界。

而立箴言

30 岁当领导已经很不容易了，如果再把所有的工作都揽到自己的手里那就要被压死了。工作需要我们兢兢业业，但是也要我们应变灵活。适当的下放自己的权力吧，这样你会工作得更舒服，同时还会得到下属的感激和上司的嘉奖。

第九章

30 岁,别让你的婚姻不好不赖

二十多岁的你在大学校园里结识了让你心动的她,于是你的世界发生了改变,因为你恋爱了。然而正如老狼歌里唱的那样:"你总说毕业遥遥无期,转眼就各奔东西……"校园里的恋情虽然美好,然而却很难长久。就这样你慢慢地成长着,虽说也谈过几次恋爱,但也总是不上不下地晃荡着。现在 30 岁了,你开始渴望一个温馨的家庭,于是,你开始寻觅一份真挚的感情,也许它没有过多的浪漫,也许你考虑的问题越来越现实,但当两个苦苦等待的心终于走到了一起,就要好好地将日子进行下去。30 岁,你已经成熟了,对爱情再也不能马马虎虎、随随便便,而是应该向着十全十美努力。看看她期待的眼神,正在构想她美好的未来,你再也没有理由不去付出,一定要将爱情进行到底。

你的爱人值得你去欣赏

当婚姻进行曲响起，你和她的缘分开启了一个新的篇章。你对所有人说，你是爱她的，但这种爱应该怎样表现呢？恋爱的时候，你喜欢她婀娜的身材，白皙的皮肤，俏皮或文静的性格。而到了现在，你仍然应该将这种欣赏长时间地保持下去。婚姻，不是爱情的坟墓，而是一次神奇的探险，当你们在一起并肩作战的时候，你也许会发现她很多以前你没有注意过的优点和特质。

当一个人的生活变成了两个人的天堂，一个女人从此走进了你的世界，作为30岁的男人，你一定会很幸福。但有些人多少会对婚姻有一点点小担心，担心这份温馨和浪漫不能长久，担心自己的老婆有一天会成为河东狮。总而言之，还是怕失去幸福，如果你每天都生活在这样的日子里，那么就要想一个办法，怎样能够让自己的这份幸福保持下去。

想想你们刚认识时候的场景吧，尽管异性相吸是人之常情，但也不是一个男人碰到一个女人就会有感觉。她一定有很多值得你欣赏的地方，比如她的微笑，她的内涵，她的幽默或她的恬静。总而言之，她就这样征服了你的心，尽管这样说有些肉麻，但这确确实实是一个无可争议的事实。

爱情之所以甜蜜，除了互相关心以外，还在于相互欣赏，如果你可以把对爱人的这份欣赏坚持下去，那么你们之间的感情也会更加温馨甜蜜,而她也一定会因为感动而更加尽心尽力地关心你,帮助你,照顾你。这样和谐的家庭氛围难道不是你一直追求的吗?所以从现在开始做一个聪明的好丈夫,不要吝惜你的赞美,用心地去欣赏自己的爱人,像当初恋爱的时候一样,那么你的婚姻一定会是充满幸福的。

这时候忽然想起了这样一个故事:

有一位画家以其作品富有生命气息而闻名,同时代的画家无人能比。人们看了他的画,都说他画得活灵活现、栩栩如生,他真是一个天才的画家。

的确,他的画作实在是杰出的艺术品。他画的水果似乎在诱你取食,而他画布上开满春花的田野让你感觉身临其境,仿佛自己正徜徉在田野中,清风拂面、花香扑鼻。他画笔下的人,简直就是一个有血有肉、能呼吸、有生命的人。

一天,这位技艺出众的画家遇见了一位美丽的女子,顿生爱慕之情。他细细打量她,和她亲密地交谈,越来越产生好感。他对她一片赞扬,殷勤关怀,无微不至,终于使女士答应嫁给他。

可是婚后不久,这位漂亮的女士就发现丈夫对她感兴趣的原因原来是从艺术出发而非来自爱情。他欣赏她身上的女性美时,好像不是站在他矢志终身相爱的爱人面前,而是站在一件艺术品前。不久,他就表示非常渴望把她的稀世之美展现在画布上。

于是,画家年轻美丽的妻子在画室里耐心地坐着,一坐就是几个小时,毫无怨言。日复一日,她顺从地坐着,脸上带着微笑,因为她狂热地爱他,希望他能从她的笑容和顺从中感受到她的爱。可是他没有。

有时她真想大声对他大声喊："爱我这个人，欣赏我这个女人吧，别再把我当成一件物品来爱了！"但是她没有这样说，只说了些他爱听的话，因为她知道他绘这幅画时是多么快乐。

画家是一位充满激情，既狂热又郁郁寡欢的人。他完全沉浸在绘画中的时候便只看见他想看见的东西。他没有发现，也不可能发现，尽管他美丽的妻子微笑着，但她的身体却在衰弱下去，内心正在经受着折磨。他没有发现，画布上的人日益鲜润美好，而他可爱模特脸上的血色却在逐渐消退。

这幅画终于接近尾声了，画家的工作热情更为高涨。他的目光只是偶尔从画布移到仍然耐心地坐着的妻子身上。其实只要他多看她几眼，看得仔细些，就会注意到妻子脸颊上的红晕消失了，嘴边的笑容也不见了，全部被他精心地转移到画面上去了。

又过了几周，画家审视自己的作品，准备作最后的润色——鼻子上还需用画笔轻轻抹一下，眼睛还需仔细地加点色彩。

妻子知道丈夫几乎已经完成了他的作品，精神抖擞了一阵子。当画完最后一笔时，画家倒退了几步，看着自己巧手匠心在画布上展示的一切，画家欣喜若狂！

他站在那儿凝视着自己创作的艺术珍品，不禁高声喊道："这才是真正的生命！"他整个人已经陶醉在那幅画像里了，久久之后他转向自己的爱人，却发现她已经毫无知觉了。

画家的悲剧在于他不会欣赏妻子的温情与美丽。婚姻不是工作，画家忘记了在婚姻中他是丈夫，却在用职业的眼光欣赏妻子，而那不是她需要的欣赏。

　　所以作为一个 30 岁的已婚男人，你一定要掌握欣赏爱人的技巧，欣赏她想让你欣赏的那一部分，这就是维系你们婚姻幸福的独门秘笈。当她对你展现出温秀娇媚，你就欣赏并赞美她的柔情；当她对你宽容放纵，就大方地夸奖她的雍容大度……这样一来何愁夫妻不恩爱，婚姻不幸福呢。

　　婚姻是一辈子的事情，它需要两个人长长久久地相处在一起，如果这个时候不懂得相互欣赏的道理，那么你们的爱迟早会有厌倦的那一天。所以，如果你希望得到一生的幸福，从现在开始改变自己的态度吧，当你们对彼此越来越珍惜和真挚，那么你的家庭将会永远充满幸福快乐的美好旋律。

而立箴言

　　爱她就要学会欣赏她，赞美她，这是作为一个 30 岁已婚男人的义务。如果你希望她温柔，就尽情地在温柔方面夸她，女人是最希望得到老公的夸奖的，即便当时她离你的标准还有些距离，但相信她一定会在你的欣赏下，日渐完美。其实婚姻就是这样，只有将欣赏进行到底，才能将幸福坚持到底。

你要为自己的婚姻保鲜

有人说爱情是有保质期的，过了保质期很有可能会失去以前的味道。30岁的你也许已经踏进了婚姻这座围城，很担心不能将彼此的那份爱情坚持到底。其实，你没必要过于忧虑，只要你掌握好婚姻保鲜的技巧，就一定可以让那份柔柔的爱意持续到遥远的未来。它不是神话，也不是童话，而是实实在在的生活，从现在起就行动起来，为你们婚姻中的爱情保鲜吧。

30岁的男人，最渴望的除了事业的成功，就是对于一个温馨家庭的渴望。当那个可爱的妻子与你一起共建爱巢的时候，心中的那份欣喜和感动是不言而喻的。你们也许会一起挑选阳台上的盆栽，窗户上的窗帘也是她精心设计出来的杰作。等到一切的一切都办妥的时候，你作为一个男人的心却开始担心起来，也许你在想，如果婚姻能够天天如此该多好，没有吵架，没有争执，只有爱情和温暖。也许你会在心中时不时地问自己：我们的爱情到底能够坚持多久，有一天我们会不会丧失这份甜甜的感觉，心中除了责任以外再没有其他的东西？

不要再胡思乱想了，珍视现在的幸福，婚姻是可以保鲜的，爱情是可以永存的，这不是在说笑，而是一个不争的事实。也许你经常会看到这样一对老人，手拉着手在夕阳中漫步，你能说他们之间已经没有爱情？当你看着别人一家几口在餐厅里快乐地共进午餐，你能说他们之间没有爱情？婚姻是需要经营的，只要你掌握好经营的策略，就一定可以将这坛美酒，在岁月的洗礼下越积越醇，越积越美。

那么究竟怎样做才能为爱情保鲜呢？看看下面的几条建议，希望能够对你有所帮助：

（1）记得经常对她说"我爱你"

有这样一个笑话传神地形容出了男女之间的差异。男人临终前，通常要做的事情是忙着交代终生劳碌所得的财产或事业，但女人却会一直抓着丈夫的手问："你一生是不是只爱我一个人？"

"我爱你"这句话对于一个女人来说，永远不嫌多，因为那种被疼爱、受重视的感觉，是她们在婚姻生活中最基本的需要。因此作为丈夫则要在这方面花点心思，让表达更富情趣与创意。如早上起床时可先抱抱妻子，在耳边说一遍。白天工作时，可以出其不意地打个电话，说出这三个字，这种行动一定会使她心花怒放。或者你也可以写个小卡片，贴在厨房或镜子上，让她不经意看到，又是一阵莫名的感动。

（2）不管什么时候，注意好你的形象

情人已经成了法定的妻子，夫妻双方随着心态的变化，很容易放弃原有的热度，使得感情发生质变。作为丈夫，须保持婚前恋爱季节时的英勇与庄重，努力维护自己原有的美好形象，千万不要变得漫不经心。事实证明，不少男性在恋爱时很绅士，婚后不大注意形象，甚至婚前婚后判若两人，让妻子顿生上当受骗的感觉。

（3）用感激和赞美点燃妻子的热情

作为一个女人，多半是愿意为所爱的男人赴汤蹈火、在所不惜的。但前提是她要经常得到对方的肯定。如果丈夫对她的表现一直无动于衷，认为是理所当然的，那么时间一长，妻子再火热的心，也会冷却下来。其实，只要丈夫适时表现出自己欣赏与感激的态度，就能重新点燃她们心中的那份热情。

从外表的身体特征，到内在美好的特质，作为丈夫，我们都应该拿出来称赞一番。要记住，赞美只说一次是不够的，如果你希望别人记得某件事，至少要重复 5 次以上。而且，别忘了在别人面前一定要多夸夸自己的妻子，这些话若转述到她的耳中，将更能激发其心中对你的爱意。因为活在赞美中的女性，会永远明亮动人……

（4）保持好你幽默的好习惯

在平淡的家庭生活中，那种神秘的"来电"效应不再发生，常常表现为"电力不够"，"电压不足"。如果加点儿"保鲜剂"，对于低电压状态下的"美食"保鲜有特殊效果。生活中，有了幽默、风趣与诙谐，就能保持笑口常开，不但可以使自己显得鲜活朝气、更具魅力，还可以在特定的时间里"化干戈为玉帛"、"化腐朽为神奇"，表现出绵绵的柔情，散发出醉人的芳香，让生活变得质感细腻而有滋有味。

（5）撒娇不是女人的专利

在婚姻家庭中，妻子适度地撒娇，就好比在爱情的"秀色"上洒些保鲜液，以保证出水"芙蓉"的靓丽，丈夫不但不会生厌，还会萌生怜爱之意。可以说，在丈夫面前，妻子的娇气与年龄无关。当然，撒娇一定要注意适度，过分的嗲，会演绎成"刁蛮"。而丈夫也可向妻子撒娇，撒娇并非是妻子的专利。适度的撒娇并不影响男人在女人心目中的地位,反而更加可爱。

(6) 杀伤力强的话还是少说为妙

"你怎么就不能像人家的太太那样温柔体贴,少说两句"、"真后悔当初怎么会跟你结婚"、"过得不舒服,那就离婚好了",这些杀伤力很强的言辞,是扼杀婚姻的可怕杀手。一句伤人的话,用10句好话也弥补不回来。因此,平常就要养成好习惯,别用难听的话语回答妻子。若彼此的矛盾很大,那就先独处一会儿,等气消了再沟通。

总而言之,爱情是很娇贵的,像是一株极品兰花,不要以为栽进婚姻的花盆就万事大吉了,它还需要夫妻双方为它浇水、施肥、修剪枝叶,这样它才能保持最初的鲜艳与芬芳。

而立箴言

人生若想完美,我们就必须经历婚姻,在这条道路上,由年轻时的甜蜜到年老时的相守。为了让这个过程更加地美好,还是让我们用心去经营好彼此之间的感情。爱情是一朵脆弱的花蕾,要想让它永葆青春,就要学会为它保鲜的技巧,这是一门很深的学问,需要我们用自己的一生去探索。

别把非分当福分

　　人们常说，30 岁的男人是最有男人味儿的时候，同时也是应该成家立业的时候。可这时候有些男人却不知足于一个女人对自己的欣赏，而是希望将更多女人的心攥在手中。在他们看来这种非分是一种福分，女人缘越多象征着自己越有品位，到头来伤了妻子的心，也毁了自己的幸福，所以还是让我们引以为戒吧，无论什么时候，都要告诫自己："别把非分当福分。"

　　二十几岁的时候你也许是一个坏男孩，怀里抱着一个女朋友，脑袋里还在想着别的女人，就这样，你将自己所谓的爱情双管齐下地进行着。可到了 30 岁，眼前的世界已经截然不同了，我们需要结婚，需要成为家庭的顶梁柱，因此很多男人的心就此安定了下来，渴望过一种恬静安稳的生活，和自己最终选定的那个人一起长相厮守，共度一生。

　　然而并不是所有的男人都会在 30 岁的时候做出质的改变，可以说有些人心里还是心有不甘的，对他们来说得到更多女人的心是一件很刺激、很骄傲、很值得炫耀的事情，这样可让他们感觉到自己作为一个男人的价值。在社会上也有很多男人都以能坐享"非分"之福而得意洋洋，他们认为"家里红旗不倒，外面彩旗飘飘"；"家里有个爱人，外面有个情人"，这才是上等男人的生活。

事实上这种"上等男人"的日子真的很不好过:担着"前院"爆炸的心,害着"后院"失火的怕。同时,又得背负对情人的责任和对妻子的愧疚,可以说日子过得是提心吊胆,一旦事情闹穿帮,不是家庭破裂,就是名誉扫地,这种心跳游戏真地玩儿不起。

张某在一家会计师事务所任职,衣着贵气、风度翩翩。别人看着他时,眼里总是透着羡慕!事业上一帆风顺,家中还有一位如花美眷,人生至此,夫复何求?其实别看张某表面风光,他也有一肚子的苦恼:妻子比张某小5岁,年轻漂亮,大学毕业后就嫁给了他,现在在家中做全职太太。妻子没什么不好,但总是把生活重心放在他身上,这让张某有种被动压抑的感觉。但最近张某又添了一个烦恼,那就是他的情人慧慧。慧慧是事务所的一名实习生,活泼美丽,尽管知道张某已经有了妻子、孩子,还是不顾一切地甘心当他的情人。最初的一段日子,张某过得很甜蜜,但慢慢地麻烦就来了:妻子责怪张某不回家,慧慧抱怨张某不陪她;今天妻子要张某陪她逛街,明天慧慧又要求去吃烛光晚餐……张某经常是左支右绌,里外不是人!渐渐地,张某觉得自己过得太累了,对着妻子作贼心虚,既觉得有愧,又害怕被拆穿;和慧慧在一起时,总得小心翼翼地讨好她,没有片刻轻松,何苦来呢?张某真不知道该怎么办了!

于是,张某决定和慧慧分手,但事情远没有他想象的那么容易——慧慧坚决不肯分手,反而要求张某和妻子离婚。这可把张某吓坏了,他怎么能抛妻弃子呢?慧慧干脆告诉他,如果他再提分手,自己就去找他妻子,把事情捅破。这回张某可明白什么叫做作茧自缚了，可是这时后悔已经太晚了。3个月后，妻子发现了这件事，她愤怒地找到事务所大闹了一场。"狐狸精"慧慧被解雇，张某在公司颜面扫地，也只得辞职了。慧慧在跟他要了一笔钱后去了上海，而妻子虽然为了孩子并未与他离婚，但却总是对他冷冰冰的，甜蜜的气氛很难找得回来了。

男人刚开始婚外恋时，会觉得一切都显得新鲜刺激，整个人都年轻了10岁，好像又重温了过去恋爱的种种：期待电话的心情，怦然心跳的感觉，或是兴奋地想要引吭高歌，或是一股暖流涌过心头。整个人好像活在梦幻中般轻飘飘的。但很快他就发现自己如今除了要向妻子尽义务外，也要向情妇尽义务。他必须同时满足两个人对他的期望。因此他在两个人之间疲于奔命，没有一点属于自己的时间。刚开始原以为自己找到了一处没有责任、可以自由休憩的"世外桃源"，没想到如今这块乐土也变成有义务、要负责任的负担。

随着事情地慢慢恶化，男人会越来越发现自己在妻子与情人之间无法保持平衡，内心也会百感纠结。正如张某那样，刚开始觉得很新奇，但时间长了，就会觉得身心疲惫。其实，男人家庭观念很强，但偏又忍不住外界的诱惑，吃着碗里的，看着锅里的，总幻想着"贤妻美妾"的生活。然而，那个时代已经离我们越来越遥远了，作为一个男人，除了要对自己的家庭负责任以外，最重要的是也要为自己负责任，每天把自己搞得很累，还要背上朝三暮四的骂名，这又何苦呢？如果你现在已经有了一个和谐的家庭，可爱的孩子，那就去好好享受这份幸福吧，非分而来的绝对不是福分，它不但给你带不来什么快乐，反而会让你在违背道德的泥潭中越陷越深。

有人说因为有了婚姻，人生就被禁锢住了，因为你再也没有权利和别的女人行为暧昧。尽管这个世界上有各种各样的巧合，你的妻子仍然是属于你的缘分。尽管她也许没有后来者那样美丽温柔，但想想她对你做出的贡献，想想你们一同经历的那些幸福的日子，还是就此罢手吧。为了一时的刺激，毁了自己一生的幸福是划不来的。不管时代怎样变换，踏踏实实地过好自己的日子，才是最现实最重要的。为了一时偷偷摸摸的欢愉，把自己的前途和家庭白白葬送，你觉得值得么？

而立箴言

女人永远对男人充满诱惑，这是千古不争的事实。但是对于一个有家的男人，你必须拥有自控能力。毕竟家才是一份长久的依靠，情人除了给你带来一时欢愉以外，还将给你带来更多的困惑。别再沉迷于这种非分之中了，那不是你的福气，而是你的晦气。而且这种晦气将会把你带离人生正道，让你在愧疚与困惑中越陷越深。

别做亲情与爱情间的夹心饼干

有了老婆是好事，但是也不能因此忽略了母亲的感受。但如果有一天，你的妻子和母亲发生了争执，你应该怎样做呢？很多男人都陷入了深深的困境中，不知道究竟应该何去何从。毕竟手心手背都是肉嘛，都是自己最亲最爱的人，这可如何是好？其实你没有必要活得那么累，也没有必要成为她们之间的夹心饼干，因为你有你的一定之规，只要按照自己的规划去行动，摆平这个难题也是很轻松，很简单的。

30岁的赵先生讲述了他的苦恼："结婚两年来，我一直像块夹心饼干似的，一面在母亲的要挟中尽孝顺之道，一面在妻子的离婚威胁中小心谨慎，我实在是筋疲力尽走投无路了。"

赵先生和妻子是在苏州认识的，妻子是苏州本地人。后来赵先生去北京发展，女友为了不失去这份感情，放弃了在家乡稳定的工作，也来到了北京。一年后，当赵先生把女友带回家时，却遭到了母亲的强烈反对，说女孩太娇气，他们家供养不起，对女友非常冷淡。还当着女友的面给儿子介绍对象。无奈，两人回到北京后，节衣缩食买了一套房子，只是办理了结婚手续，就简单地住在了一起。可结婚后，老家的母亲执意要来住，来后完全把儿媳排斥在外，妻子咽不下这口气，婆媳两个顶上了。一次争吵后，妻子负气搬到了公司的宿舍去住。一面是母亲的养育之恩，一面是妻子的离婚威胁，赵先生心力交瘁。

现在电视上越来越热播这样的一个题材,那就是婆媳之间的关系问题。曾经就有妻子问自己的丈夫这样的问题:"如果我和你妈同时掉进河里,你先救谁?"相信这个问题难坏了很多步入婚姻的男人。说先救老妈吧,妻子肯定会没好气地说:"哼,我就知道,这天底下就你妈最重要,你根本不在乎我⋯⋯"说救妻子吧,要是让老妈听见心里也会不舒服,说不定还会给你一拐棍说:"滚,我没你这个不孝的儿子。"天啊,这样的生活太累了,有些男人甚至因此而怀疑自己当初为什么一门心思想要结婚,如果要是光棍一个,就永远不会面对这样的难题了。

那么,如何减少婆媳之间的矛盾,让自己不做那个倒霉的夹心饼干呢?看看下面的方法,希望能够对30岁深受其困的男人们有所帮助:

(1)差异较大就分开住

两代人之间的代沟很难沟通,而且由于母亲和妻子是来自两个不同的家庭环境,很多问题会出现不一致的情况。例如生活习惯,价值取向都不太一样,如果差异较大,那就要尽量分开来住。让性情不好的父母和妻子生活在一起,或者是让任性的妻子与较为软弱的公婆生活在一起,都会促进矛盾的产生。很多男人会觉得,和父母一起住是孝顺的表现。其实不然,孝顺的表达方式很多,孝顺也并不代表要求一方一味地迁就和忍耐。与其等到矛盾激化,还不如尽早分开来住。

(2)多分些精力照顾母亲

每一个母亲都为孩子的成长付出了心血,等到母亲年老了,不要因为自己忙，或者是娶妻生子而冷落了母亲。母亲对孩子的要求并不多，可能她们只是想听听儿子的声音，看看儿子是否胖了，瘦了，让儿子听自己唠唠家常，尤其是独居或者是丧偶的老人，她们需要儿子的心理安慰。作为儿子，一定要对母亲多付出些精力。有一句歌词叫做，常回家看看。

（3）从妻子的角度考虑问题

很多男人会觉得妻子在对待自己父母的时候不够好，他们无法接受为什么妻子不能像他一样对待自己的母亲，为什么妻子的感情那么淡薄。其实从妻子的角度来说，婆婆和自己产生关系只是因为她的丈夫，而在妻子没嫁人的时间里，她们之间根本就是陌生人。感情要一点点地培养，不是一两天就可以积累的。

而且有的老人很容易受中国传统思想的影响，认为儿媳就是自家的财产，甚至会对儿媳无端地挑毛病，而妻子也会在婚后不适应，毕竟，从父母的宝贝女儿、男友的心肝宝贝儿一下子降落到公婆的"小媳妇"，这个心理落差是很大的，如果这时候丈夫再不加以关心，甚至会有这样的想法——母亲只有一个，老婆却可以换，那就更会使妻子心理不平衡，加重婆媳之间的矛盾。作为丈夫，要多从妻子的立场和角度来考虑问题，不要过分要求妻子对自己的母亲感情如何好、如何真实。尊重生活的真实，尽量弥合，别让婆媳间产生大的感情冲突和裂痕。随着时间的推移，婆媳交往、相互了解的增多，感情自然会加深，也就不会再是"对头"或"仇人"。

（4）主动关心自己的岳母

女儿和母亲的感情，是儿子和母亲的感情不能比的。"女儿是妈妈的贴心小棉袄"，这句话很有道理。真心地对待自己的岳母，不要厚此薄彼。用真情换真心,用真心去尊重、关心爱人的母亲,也肯定会得到妻子相同的回报。大多数的丈母娘都能和女婿相处融洽,善待岳母不但会赢得妻子对自己母亲的尊重,还能得到一位慈祥的母亲来关怀自己,何乐而不为呢?

其实,亲情与爱情之间是没有一定要相互冲突的,作为30岁的男人,只要把握好自己的原则,就可以成为两者之间很好的调和剂,使整个家庭向更和谐,更幸福,更愉快的方向发展。

而立箴言

别再抱怨自己一回家就只能忍受夹板气,即便你真的是亲情和爱情的夹心饼干,也一定要是甜甜蜜蜜的那种。别再说你不知道怎么应对妻子和母亲之间的矛盾,都是自己最爱的人,有话好好说,没有什么解不开的结。30岁的男人应该是成熟而聪明的,只要你掌握好技巧,相信你一定可以将这一切很快摆平。

别丧失了对妻子的尊重

女人嫁给你,是为了让你好好疼爱的。作为一个30岁的男人,对妻子一定要懂礼貌,时刻保持对对方的那份尊重。千万不要时不时地用一些伤人的话和行动来影响你们之间的那份默契与和谐。爱情因为尊重而变得美好,同样婚姻也会因为尊重变得温暖。尊重自己，更要尊重对方，不管在什么时候，都别丧失了对妻子的那份尊重。

走进了婚姻这座围城，有些 30 岁的男人想当然地做起了老大，经常以我是一家之主自居。在家里必须自己说了算，常常忽略了作为妻子那一方的感受。在他们的思想里，结婚之前，怎么样哄着宠着都可以。可是一旦生米煮成熟饭，那就是自己打翻身仗的日子到了。正是这种对妻子的不尊重，导致了家庭中经常出现不和谐的音符。刚开始的时候也许妻子只不过是皱皱眉头，然后是掉几滴眼泪，但有句名言不是这么说的吗："不在沉默中爆发，就在沉默中死亡。长此以往下去，再温柔的女人也会起来反抗的，如果那时候，你再向她抱怨为什么女人那么多变，为什么你那么不尊重我，不理解我，她一定会对你说："擦擦你的眼睛好好看看你自己吧！"也许这个时候男人才会恍然大悟，原来自己一直在犯着错误，是一个不会经营婚姻的傻瓜。

举个例子来说，生活中，这样的场景并不少见：妻子已为全家准备好了可口的晚餐，这顿晚餐可能是为节日而精心准备的，也可能是一周中任何一天的便饭；也许会有客人受邀参加这顿晚餐，也可能享用这顿晚餐的只是家里人。妻子正在餐桌旁忙忙碌碌，把饭菜从厨房一一端到饭厅，饭菜美味可口，令人食欲大开。此时，如果你尊重妻子的话，身为丈夫的你就应该在妻子未坐下来准备与你们共进晚餐之前，千万不要先品尝。

遗憾的是，情况常常是这样的：

妻子刚端上一道菜，丈夫即刻就和在场的客人、孩子一起大吃起来。随后，每上一道菜，以上的不雅行为都会重复一次。当妻子坐下来用餐时,丈夫和客人已吃得八分饱了。有时妻子刚把主菜端上来,丈夫就狼吞虎咽地吃完,然后迅速离开饭厅,等到妻子坐下来用餐时,丈夫早已守在电视机旁看足球了。

"被服侍者"为何在"服侍者"坐下来之前就大吃特吃呢?这有几个不同的原因。很多丈夫通常就是在这种氛围的家庭中长大的,可谓耳濡目染。吃饭时,没有人会在餐桌边等母亲,所以这样做时他觉得极其正常;对某些人而言,在十分饥饿的情况下开始吃摆在面前的饭菜只是一种本能的行为;也有些丈夫赶快吃完的目的是为了能进行下一个节目——工作、玩,或着急于想看电视节目。

但很多时候造成这种局面的也可能是妻子自己。她会说:"饭菜已准备好了,大家趁热吃吧,不必等我,要不然饭菜就会凉了。"或者她有众多的菜肴需要从厨房端出来,然后才能坐下来与家人一道享用,假如全家都在等她,她会感到有一种无形的压力,而无法从容地把她花了那么多时间精心准备的饭菜端上来。为避免这种压力,她便催促大家开始用餐而不必等她。

那么从现在开始,让这样的事情成为历史吧!作为一个尊重妻子的丈夫在这件事上不要听她的,一个懂得爱的丈夫,应该带领孩子和客人在餐桌前耐心等待,直到妻子忙完了坐下,然后大家再一起享用。如果有许多人用餐,或者有许多菜等着上来,那么,一个称职的丈夫和他的懂事的孩子应主动到厨房帮忙,使妻子能够与所有的人一起品尝这顿美餐。

家中的这个规矩应该由身为丈夫的你来制定,即家中用餐者必须等你妻子入席后方可用餐。

对孩子来说，这个规矩是很容易理解和接受的，因为从他幼年时起，你就会给他留下必须尊重母亲的印象，他对你这样的提醒已习以为常："到厨房问问你妈妈你是否能帮她做点什么。""问妈妈什么时候可以开饭。"

有客人的时候，实施这个规矩并不容易，应该给予谅解。初次到你们家做客的人也许在你和孩子正在等着你妻子时便先动了筷子，当意识到这些时他们会非常吃惊，也许他们会对自己刚才的举动难为情。另一方面，如果来的客人是常客或"新"亲戚，比如新女婿或新媳妇，那么让他们了解家中的规矩就显得非常有必要，这往往可通过间接的暗示和微妙的手势来进行。

比如说你正与几个非常熟悉的客人坐在一起谈天，你妻子端着盛满菜的大盘子走进来，把它放在靠近其中一位客人的地方，那客人立刻就把盘子传到你的面前，以示礼貌，这就给了你表达的机会。你就可以借机说："那好吧，等我妻子忙完后，我们一起共进晚餐吧！"假如客人没把大盘传给你，而是直接往自己的盘子里盛菜，当客人意识到餐桌上没有其他人这样做时，这种不得体的行为通常会自动停止。

与妻子一起吃饭，虽然是一件小事，但却体现了对妻子的尊重，她不是你请来的佣人，是与你地位相同的伴侣。其实婚姻就是由一个个小小的细节连接起来的，因此我们不要小看了其中的任何一个细节。老人们常说："夫妻之间要相敬如宾。"当你以一种尊重的态度对待你的妻子时，相信她一定会因为你的尊重而深受感动。

有一句名言是这样说的："你想让别人怎样对待你，你就要从现在开始怎样对待别人。"这句话在婚姻中同样适用，让我们发扬男士所特有的绅士风度，对那个和你相守一生的人表示出自己的尊重，相信你们未来的路会更加愉悦，更加幸福。

而立箴言

妻子是与你相伴后半生的那个人，在婚姻生活的过程中，你们将共同经历各种各样的风雨，也会一同分享别开生面的精彩。在你的眼中，这个人应该是非常重要的。所以，你一定要发自内心地去尊重她，尊重她的选择，尊重她的意见，只有这样你们才能更友好和谐地相处下去，才能成为一对最幸福的模范夫妻。

婚姻的幸福，需要彼此真诚的沟通

婚姻是两个人的世界，如果这个世界里没有交流，就会产生相互猜忌。试想一下在属于两个人的空间，却没有一句发自内心的心里话，两者相互对视，默默不语，时间长了肯定要出问题。沟通是维系爱情的一种手段，夫妻之间只有相知，才能相爱，所以让我们保持好这份沟通的默契，把自己最想说的告诉对方。

当男人到了30岁的时候，拥有属于自己的幸福婚姻生活才说的上是真正的完美。然而婚姻要想幸福，究竟应该怎样经营呢？这成了摆在这些刚刚步入成熟期的大男孩儿们面前最棘手的一道难题。

在二十几岁的时候，虽说也谈过几次恋爱，但总体来说还不是很懂女人，到了现在，要和一个自己爱的女人朝夕相伴，心里不免还会有些小担心。担心自己的妻子有一天会抱怨自己不懂她，抱怨步入婚姻殿堂以后对自己丧失了感觉。其实，你没有必要把这些种种的忧虑埋藏在心里，相反你应该把这一切积极地与自己的妻子进行交流。要知道沟通也是维系彼此之间感情的一道桥梁，不管自己开心的时候，还是忧愁的时候，将自己的心里话告诉对方，都会使你们彼此之间产生更多的信任和默契，使你们的感情在潜移默化中更加真切，更加牢固。

结婚对很多人来说的确是个很难下决心的问题，弄不好就要出问题。很多人都有着这样的想法，既然结婚了，两个人已经在一起了，就没有必要再顾虑了。恰恰相反，该做的就要做，该说的就要说，不然就会出现不该发生的事情。如果说善良的谎言，不会伤害你的至爱。那么没有伪装的言行，那就是真爱。

所谓沟通，就是要掌握好夫妻交流的方法和方式。在沟通的时候要考虑周全，面对妻子要放松身心，这样才会有信任和感情。如果有些话说出后，反而会毁了彼此间的感情，那就是得不偿失了。婚姻的语言交流是一门艺术，要有创造性，没有新的语言交流会使婚姻产生误会和矛盾，时间长了就会出现反目的心态。当初的甜蜜和浪漫在婚后渐渐地消失了，因为甜蜜和浪漫过了，反正整天在一起，看都看厌了，还有什么话可谈。所以沟通才能使彼此更加理解和恩爱。当然婚姻不是一成不变的，尤其是在现实生活中，变，已经成了婚姻的主题。掌握好沟通的火候和方法，让沟通成为一种习惯，让新鲜的事物，通过沟通照射进我们的婚姻生活，这才是作为已婚的我们最要去做的一件事情。

那么沟通什么呢？其实只要不违背两个人的感情，夫妻之间有什么话不能说呢？无论是家事、私事、还是工作上的事，都可以坦坦然然地讲给对方听。这样才会增进两人的了解和认识，也能使彼此之间有机会就某个问题进行深入的探讨和学习。这样不但可以增进彼此之间的感情，还可以让对方更深地了解到你的辛苦和付出，以便于在将来的日子相互宽慰，互相体谅。

那么夫妻之间该怎样避免矛盾，进行有效的沟通呢？

首先为了避免蓄积恶性能量，夫妻双方一定要选择好时机，巧妙而策略地进行交流沟通。我们经常在一些外国影视片中听到夫妻某一方说："我想找你谈谈！"于是，双方会找一个机会把心中的不快全倒出来。而不少中国夫妻却把意见、不快压抑在心里，不挑明，还美其名曰"脾气好，有修养"。其实，相互闭锁只能导致误会加深，长期压抑等于蓄积恶性能量，一旦爆发，破坏性更大。

其次，不同内容的交流沟通，对时机的选择有不同的要求，比如交流沟通不愉快的话题，或想提出意见，在时机的把握上，就要动一下脑筋。千万不要在妻子心情不好的时候提出来。

总而言之，只要还想维持婚姻关系，并且希望婚姻生活幸福美满，就必须有一方首先开始交流沟通，作为丈夫的男人，尤其要敢于担起这付重担。

举个例子来说，有一对关系还不错的夫妻某天闹了别扭，接下来谁也不理谁，过了几天后妻子回家推门看到以前井井有条的家像遭了贼一样，东西乱七八糟摆了一地，卧室的门敞开着，丈夫跪在地上不断地从柜子里向外扔东西，越扔越急的样子好像是在找一件很重要的东西，妻子忍不住问丈夫："你在找什么？"丈夫猛然回头回答道："我在找你的这句话。"小小的插曲使妻子明白丈夫的良苦用心，夫妻终于讲和了。

如果说爱情是百米冲刺，那么婚姻就是一场考验耐力的马拉松。这中间除了彼此信念的坚定以外，还要求两个人能够运用沟通达到默契的配合。两个人在一起，没有共同语言生活将会很乏味，爱情的玫瑰也会渐渐枯萎。作为一个男人，你有义务为两个人的婚姻不断地添加佐料，主动一些吧，用沟通开启一道维系爱情的桥梁，相信你们的今天、明天、明天的明天都会充满幸福的味道。

而立箴言

沟通是座桥，它能够带你驶向幸福的彼岸；沟通是条线，它的两端总是牵动着彼此的心弦；沟通是首歌，总是在清唱着每一天的生活；沟通是根针，就算两个人之间真的有了缺口，也会将其密密地缝合相连。为了让自己今后的婚姻充满温馨的音符，现在就对心爱的她敞开心扉吧！相信它会给你带来回报的，也相信它会让你们的生活变得更加美好。

相信波此，拒绝猜忌

也许在恋爱的时候，你对她情有独钟；也许你在追求她的过程中一波三折；也许，当她再遇到昔日的旧情人的时候，你的内心会十分地不悦。但是不要就此产生猜忌，因为她已经成为了你的妻子，你们必须相互信任才能走得的更加长远。30 岁的男人，就应该有 30 岁的胸怀，这一点在对待爱人的时候尤为重要。

当你带着自己的妻子一起去参加旧友的团圆聚会，不巧撞上了她过去相处的男友，而且令你更无法忍受的是，他和你的妻子交谈甚欢。这不禁让你联想起了很多不愉快的往事，于是自己坐在一边沉着脸，闷闷不乐。不要这么小气，要知道你才是她名正言顺的老公。夫妻之间最重要的是信任，你不但要摆出你应有的姿态，回家以后还不要询问太多他们交流的内容，更不要在半夜三更打开老婆手机查看他们有没有留下联系方式。让一切平平淡淡地过去，你们之间还是那样相濡以沫，毕竟回到家她仍然是归属于你的，想要维持好你们之间的感情，就要学会拒绝不必要的猜忌和推断，以宽容大度的姿态去体谅和理解自己的妻子，只有这样，她才会觉得你是自己值得依靠的男人，才会被你为她所做的一切而深深打动。

一个真实的老故事：有一位丈夫发现妻子有个抽屉老锁着，很不放心，于是设法背着妻子打开抽屉，见里面放着一束信，是一位男人写的，语言相当亲密，看来彼此关系远非一般。他万万没有想到自己的爱妻竟然瞒着他干出这样可耻的勾当，气得如同一头狂怒的野兽，当晚就把妻子给掐死了。不久，他妻子的朋友——一位伯爵夫人来到他家，说是曾委托他的妻子存放着一束密信，现在要取走。这下他才明白真相：那些信不是写给他妻子的。他错怪了妻子，悔恨莫及。

莎士比亚的名剧《奥赛罗》中描写了国王的女儿苔丝德蒙娜冲破家庭和社会的重重阻力，同奥赛罗这样一个出生卑贱、肤色黑黝的将军结婚。婚后的生活十分美满，然而，奥赛罗部下一个军官尼亚古出于卑鄙自私的目的，编造谣言，制造陷阱，挑拨他们的夫妻关系，使奥赛罗对忠诚纯洁的妻子产生了猜疑之心，在一个漆黑的夜晚竟用被子把苔丝德蒙娜活活闷死了。后来，奥赛罗知道了事情的真相，追悔莫及，自刎于妻子身旁。

这两个故事都因为男人的猜忌，最终以悲剧收场。细细想来这又何必呢？在事情没有弄清楚之前，就凭着自己的感觉下决断，这是作为男人经常容易犯的一个致命错误。但是这样的低级错误却经常发生在世界上的无数个角落。

不得不承认，作为一个男人最受不了的就是别人的背叛，尤其是自己的妻子对自己的背叛，但是我们同样应该意识到，不是每一个女人在面对别的男人的诱惑时都是那么柔弱而多情。当婚姻关系成立以后，我们首先要做的就是相信彼此，试想一下，有一天，自己的妻子莫名其妙地质问你对她的忠贞，你会不会同样会对她的无理取闹心生不满，甚至大发雷霆呢？所以，就算我们对一些事情有了自己的一种敏感的直觉，也不要在没有任何凭据的情况下和妻子发生争执，与其相信她做了背叛你的事情，不如相信她是一个始终爱你的女人。这就是男人维系与爱人感情的一门学问，要想在这条婚姻道路上走得更长久，更和谐，我们必须学会信任对方。

那么在婚姻生活中，作为一个30岁的男人，我们应该怎样克服自己的不良心理呢？记住以下几点，相信会对你很有帮助：

（1）想法不要太主观

一些男人在婚姻生活中之所以常产生猜疑心，一个重要的原因就是思维上主观臆想的色彩太浓，无根据地加强心理上的消极自我暗示。这自然是不好的。解决的方法也简单：那就是多和对方交流思想，交心才能知心。人们常说："长相知，才能不相疑；不相疑，才能长相知。"这话是很有道理的。夫妻间只有做到襟怀坦白，开诚布公，才能相互信任。有了这个牢固的基础，主观色彩很浓的猜疑心自然会烟消云散了。

（2）自我暗示要积极

当你对妻子的怀疑越来越重的时候，要尽力提醒自己"刹车"，想办法加上一些"积极的想法"，如："也许是我弄错了"，"她不是那种对爱情不专一的人"，等等，以打破自己的怀疑。条件允许时，可做一点调查，以澄清事实真相。

（3）多信任和尊重对方

婚姻专家认为：信任与尊重是幸福婚姻的前提，也是幸福婚姻的基础。夫妻之间一旦缺少了基本的信任与尊重，家庭裂痕也就出现了，婚姻也就没有幸福可言了，托尔斯泰在《安娜·卡列尼娜》

中写道："幸福的家庭都相似，不幸的家庭各有各的不幸。"信任与尊重是幸福婚姻的共同点，夫妻双方一定要相互信任，相互尊重。

（4）不要轻信传言

不少猜疑都是由别人的闲话引起的。莎士比亚的名剧《奥赛罗》中的主人公之所以最终会害死自己曾经深爱过的妻子，就因为他的部下向他活灵活现地描绘了他妻子偷情的经过。其实，这完全是一种陷害。

所以，对于别人的闲话要分析。应该看到，生活中"长舌妇（夫）"确实有，即使有些亲朋好友出于好心，向你通报你爱人的外遇情况，也不能一听就信，因为很难保证这些情况中没有失真的成分。

（5）不要意气用事，而要冷静分析

人在猜疑的时候，容易为消极思想所支配。这时，自己绝对需要冷静克制。要多设想几个对立面，只要有一个对立面突破了消极思想，你的理智就可能及时得到召唤；冷静分析以后，仍然难以解除猜疑，那就应该及时交换意见，从而开诚布公地听听对方的解释。有了猜疑却长期闷在心里，就会越想越气，爱人却感到莫名其妙，结果既解决不了问题，还可能使矛盾进一步扩大甚至恶化，于人于己都不利。

总而言之，婚姻生活是由信任组建起来的，对你的妻子多一些信任，少一些猜忌，她一定会被你的这一行为感动，更加严于律己。对你心爱的她多一些体贴，少一些质问，你们的生活会更加和谐温馨。好好地珍惜现在吧，如果你爱她，就一定要信任她。

而立箴言

　　两个人走到婚姻这条交叉线上真的很不容易，30岁的男人不是小孩子，教育人的话也不必说太多。但有一点必须要强调，爱是需要真诚和信任的。当你用一颗简单而真挚的心去面对她的时候，相信没有任何一个女人还会在心里容纳别的男人。不管什么时候，都要提醒自己，你们是夫妻，你们之间没有猜忌，你们将会是执子之手，与子偕老，天造地设的一对。